Kohlhammer

Andreas H. Karsten

Einbindung von Spontanhelfenden in die Gefahrenabwehr

Verlag W. Kohlhammer

Spontanhelfende mögen spontan sein,
ihr Management sollte es aber nicht sein!

Für Britta

Dieses Werk einschließlich aller seiner Teile ist urheberrechtlich geschützt. Jede Verwendung außerhalb der engen Grenzen des Urheberrechts ist ohne Zustimmung des Verlags unzulässig und strafbar. Das gilt insbesondere für Vervielfältigungen, Übersetzungen, Mikroverfilmungen und für die Einspeicherung und Verarbeitung in elektronischen Systemen.
Die Wiedergabe von Warenbezeichnungen, Handelsnamen und sonstigen Kennzeichen in diesem Buch berechtigt nicht zu der Annahme, dass diese von jedermann frei benutzt werden dürfen. Vielmehr kann es sich auch dann um eingetragene Warenzeichen oder sonstige geschützte Kennzeichen handeln, wenn sie nicht eigens als solche gekennzeichnet sind.
Die Abbildungen stammen – sofern nicht anders angegeben – vom Autoren.

1. Auflage 2023

Alle Rechte vorbehalten
© W. Kohlhammer GmbH, Stuttgart
Umschlagbild: Adobe Stock, 53243135, Enrico Di Cino
Gesamtherstellung: W. Kohlhammer GmbH, Stuttgart

Print:
ISBN 978-3-17-042270-4

E-Book-Formate:
pdf: ISBN 978-3-17-042272-8
epub: ISBN 978-3-17-042273-5

Für den Inhalt abgedruckter oder verlinkter Websites ist ausschließlich der jeweilige Betreiber verantwortlich. Die W. Kohlhammer GmbH hat keinen Einfluss auf die verknüpften Seiten und übernimmt hierfür keinerlei Haftung.

Vorwort

Die Flutkatastrophe in Westdeutschland im Jahr 2021 stellt eine Zäsur für die Einbindung von Spontanhelfenden in die behördliche Gefahrenabwehr dar:
- Noch nie wurden so viele Spontanhelfende auf derartig kleinem Raum tätig.
- Noch nie etablierten Spontanhelfende ein so umfangreiches eigenes Führungssystem.
- Noch nie haben Spontanhelfende die Deutungshoheit über ein Krise/Katastrophe so umfassend gewonnen.
- Noch nie haben Spontanhelfende in einem solchen Umfang die Entscheidungskompetenz der Gefahrenabwehr infrage gestellt.

Obwohl die Evaluationen noch nicht abgeschlossen sind, lassen sich aus meiner Sicht folgende Gründe für das »multiple Staatsversagen« anführen:
- Keine Verhinderung von Hilfs-, Führungs- und Deutungsvakua durch die Gefahrenabwehrbehörden (Land, Kreis, Gemeinde).
- Mängel in der Anwendung der Führungsrichtlinie FwDV/DV 100.
- Defizite in der Aus- und Fortbildung sowie mangelnde Erfahrungen der eingesetzten Führungskräfte.
- Mangelhafte Einbindung der Spontanhelfenden in die behördliche Gefahrenabwehr.

Dieses Buch konzentriert sich speziell auf den letzten Aspekt. Es zeigt einen Weg auf, wie Spontanhelfende ohne Änderungen in der Gesetzes- und Verordnungslage in Deutschland zum Wohle der von der Krise bzw. Katastrophe Betroffenen effektiv und effizient in die behördliche Gefahrenabwehr eingebunden werden können.

Die Situation der Betroffenen zu verbessern, ist die Aufgabe aller Hilfskräfte – Hauptamtliche und Ehrenamtliche der BOS, Spontanhelfende, Mitarbeiter:innen von Unternehmen etc. – unabhängig ihrer Motivation.

Besonderen Dank bin ich Stefan Voßschmidt verpflichtet. Dank seiner Seminare an der AKNZ konnte ich viele Aspekte dieses Buches mit ihm, Spontanhelfenden und Expert:innen der BOS diskutieren.

Inhaltsverzeichnis

Vorwort **5**

1 Ziel des Krisenmanagements und Katastrophenschutzes **11**

2 Führen in Krisen **13**

3 Führungssysteme **19**
    3.1 Kategorisierung 19
    3.2 FwDV/DV 100 und Hinweise für Verwaltungsstäbe 21
    3.3 UN OCHA-Cluster-System 24
    3.4 Netzwerk aus Netzwerken 25

4 Kategorisierung von Spontanhelfenden **28**
    4.1 Kategorisierung nach systemtheoretischen Kriterien 29
    4.2 Kategorisierung nach Art der Hilfeleistung 33

5 Führung bei der Einbindung von Spontanhelfenden **34**
    5.1 Führung im Chaos 34
    5.2 Unterstellung von Einsatzkräften in den Phasen des Operational Design und des Operational Management 40
    5.3 Aufnahme von Spontanhelfenden in die aufgabenbezogenen Einsatzabschnitte des Bereitstellungsraumes 44
    5.4 Aufgabenzuweisung in Stäben 46
    5.5 Stabsfunktionen und Spontanhelfende 47
    5.5.1 Führungsstab (nach FwDV/DV 100) 48
    5.5.2 Verwaltungsstab (VwS) 50
    5.6 Synchronisation der Stabsarbeit der verschiedenen Führungsebenen 51

6 Führen mit Auftrag **55**

Inhaltsverzeichnis

7 Einbindung von Spontanhelfenden mittels operativer Krisenkommunikation **60**
    7.1 Deutungshoheit gewinnen und behalten 61
    7.2 Einbindung von Spontanhelfenden durch Motivation 63

8 Rechtliche Grundlagen **65**
    8.1 Verwaltungshelfer:innen 65
    8.2 Schäden gegenüber Dritten 67
    8.3 Eigene Schäden und Aufwendungen 67
    8.4 Fürsorgepflicht und Arbeitsschutz 68
    8.5 DGSVO 70
    8.6 Störer:innen 71

9 Vorbereitung auf die Einbindung von Spontanhelfenden **74**
    9.1 Aus- und Fortbildung 74
    9.1.1 Personen der Zivilgesellschaft 74
    9.1.2 Mitarbeiter:innen und Einsatzkräfte der Gefahrenabwehrbehörden 78
    9.1.3 Aufeinander aufbauende Aus- und Fortbildung 80
    9.2 Organisatorisches Vorbereitung 81
    9.3 Technische Vorbereitung 82

10 DIN ISO EN 22319 – Leitfaden für die Planung der Einbindung von Spontanhelfenden **84**
    10.1 Wesentliche Aspekte 84
    10.2 Bewertung 89

11 Empfehlungen der Organisationen im Bevölkerungsschutz **91**
    11.1 Empfehlung des Deutschen Feuerwehrverbandes 91
    11.2 Deutsches Rotes Kreuz 92
    11.3 Malteser 97
    11.4 THW 98

12 Unterstützende Maßnahmen **99**
    12.1 Nutzung von Social Media 99
    12.2 Mittlerorganisationen 101
    12.3 »Runder Tisch Resilienz« 104

Inhaltsverzeichnis

13 Forschungsprojekte **106**

14 Aktuelle Einsatzerfahrungen **124**
    14.1 Covid-19-Pandemie 2020 ff 124
    14.2 Flutkatastrohe 2021 im Westdeutschland 125
    14.3 Erkenntnisse aus den Einsatzerfahrungen 127

Fazit **129**

Abkürzungsverzeichnis **130**

Literaturverzeichnis **132**

1 Ziel des Krisenmanagements und Katastrophenschutzes

Das Ziel eines jeden Krisenmanagements und des Katastrophenschutzes ist es, die Situation der von der Krise bzw. Katastrophe Betroffenen zu verbessern. Dabei ist es erst einmal egal, ob jemand objektiv betroffen ist oder sich subjektiv betroffen fühlt. So können Menschen psychisch stark betroffen sein, selbst wenn sie auf der anderen Seite des Globus zum Geschehen leben.

Merke:
Ziel eines jeden Krisenmanagements ist es, die Situation der Betroffenen zu verbessern.

Ziel des Krisenmanagements ist es nicht, den Vorkrisenzustand wieder herzustellen, denn dies ist nicht möglich. Selbst wenn die physischen Schäden behoben sind, die Erfahrungen und Traumata aus der Krise bleiben bestehen. Ziel des Krisenmanagement ist es ebenfalls nicht – selbst wenn dies von einigen Helfer:innen angestrebt wird – zu zeigen, wie toll man als Person oder Gruppe ist. Selbstbeweihräucherung, Abenteuerlust und Selbstbestätigungsdrang haben keinen Platz im Krisenmanagement. Dienen wollen, Demut und Bescheidenheit sind dagegen wichtige Eigenschaften für Krisenmanager:innen.

Mit diesem Ziel vor Augen dürfte es kein Problem sein, Spontanhelfende in die behördliche Gefahrenabwehr einzubinden. Begibt man sich gedanklich in die Situation der Betroffenen und benutzt seinen gesunden Menschenverstand, so werden sicherlich leicht situationsgerechte Strukturen aufgebaut werden können, die eine optimierte Hilfe durch alle Akteur:inne ermöglichen.

Tipp:
Begib Dich gedanklich in die Situation der Betroffenen und benutze Deinen gesunden Menschenverstand.

Leider gelingt es uns unter großem Stress, der in Krisen herrscht, häufig nicht, die entsprechende Empathie zu entwickeln und unseren gesunden Menschenverstand zu nutzen. Entsprechend Daniel Kahneman (2012) nutzen wir in Stresssituation im Wesentlichen unser »System I« – wir handeln intuitiv. Von daher ist es notwendig,

1 Ziel des Krisenmanagements und Katastrophenschutzes

sich auf solche Situationen entsprechend vorzubereiten. Dazu soll dieses Buch dienen.

Takeaway:
Krisenmanager:innen müssen immer das Wohl der von der Krise Betroffenen im Fokus ihrer Überlegungen stellen. Wenn sie sich dann noch in die Situation der Betroffenen versetzen und ihren gesunden Menschverstand benutzen, ist eine erfolgreiche Krisenbewältigung möglich.

2 Führen in Krisen

Die Reaktionsfähigkeit einer Führungsebene ist abhängig von mehreren Tätigkeiten, die Zeit beanspruchen (siehe Bild 1):

Datendetektion und Informationsgeneration (z. B. das Verfassen einer Meldung)
Auch das Verfassen einer Meldung benötigt Zeit. Bei umfangreichen Meldungen, Lageberichten, Situationsreports kann diese Zeit erheblich sein, wenn sie mit der notwendigen Sorgfalt erstellt werden.

Zeit für die Übermittlung einer Meldung an die Führungsebene – entweder direkt oder über mehrere Stationen
In dieser Zeit ist eine Information auf dem Weg und grundsätzlich nicht veränderbar: Ein Funkspruch kann weder eingefangen noch überholt werden. Dabei sollten Führungsebenen nicht übersprungen werden. Der Vorteil einer schnelleren Meldung an höher gestellte Führungsebenen wird durch den Informations-Overflow mehr als aufgebraucht.

Entscheidungsprozess in der zuständigen Führungsebene (z. B. durch Nutzen des Führungsvorgangs der FwDV/DV 100)
Wird nicht aus dem Bauch – intuitiv – entschieden, sondern rational (entsprechend der FwDV/DV 100), wird dazu eine entsprechende Zeit zum Nachdenken benötigt. In der Regel ist die Zeit zur Entscheidungsfindung umso länger, je weiter oben in der Führungshierarchie die Entscheidung getroffen wird.

Verfassen der entsprechenden Befehle und Anordnungen
Wie bei dem Verfassen von Meldungen benötigt die Formulierung von Befehlen und Anordnungen Zeit. Letztere sind adressaten- und situationsgerecht zu verfassen.

Übertragungszeit, bis die Befehle/Anordnungen die Ausführenden erreichen
Die Übertragungszeit ist genauso lang wie die Meldezeit. Auch hier wird dringend davon abgeraten, Führungsebenen zu überspringen.

2 Führen in Krisen

Zeit zu deren Umsetzung und Erfolgskontrolle
Neben der reinen Zeit, die für die Umsetzung der Befehle und Anordnungen durch die Hilfskräfte vor Ort benötigt wird, benötigt auch das Wirksamwerden der Maßnahmen und die Wirkungskontrolle Zeit. Bei der Covid-19-Pandemie lagen zwischen Umsetzung und Wirksamwerden mehrere Tage.

Übermittlungszeit der Ergebnisse der Erfolgskontrolle, bis sie die verantwortliche Führungsebene erreicht
Diese Zeit entspricht der Meldezeit.

Bild 1: *Vergleich der Reaktion einer Führungsebene zur Lageentwicklung*

Bis zum Zeitpunkt des Wirksamwerdens der angeordneten Maßnahmen entwickelt sich die Situation vor Ort (die Lage) aufgrund der Naturgesetze entsprechend unbeeinflusst weiter. Von diesem Zeitpunkt an wird die Entwicklung zusätzlich durch die Gegenmaßnahmen beeinflusst und im besten Fall zum Besseren verändert.

Tipp:
Aufgaben, die schneller auszuführen sind als die eigene Reaktionszeit beträgt, sind zu delegieren. Führen mit Auftrag nach der FwDV 100 ist das entsprechende Führungsinstrument.

Für die Handlungsplanung folgt aus der Reaktionszeit, dass zwei Prognosen zu erstellen sind, wobei die Zweite von der ersten abhängt (siehe Bild 2).

Achtung:
Nicht jede wichtige Aufgabe kann selbst wahrgenommen werden.

Grundlage der ersten Prognose (der Lageprognose) sind Informationen (z. B. Lagemeldungen) über die Lage vor Ort. Diese stammen immer aus der Vergangenheit und beschreiben immer nur einen Ausschnitt aus der Gesamtlage. Anhand dieser Informationen ist das Lagebild zu entwickeln. Und dieses ist prognostisch bis zu dem Zeitpunkt fortzusetzen, an dem die Umsetzung der angeordneten Maßnahmen beginnt. Bis zu diesem Zeitpunkt entwickelt sich die Situation ungehindert durch die diversen, geplanten Krisenbewältigungsmaßnahmen fort. Mit der zweiten Prognose (der Plandiagnose) wird ermittelt, welchen Einfluss die verschiedenen Handlungsoptionen auf die Situation haben werden. Die Ergebnisse dieser letzteren Prognose bilden die Grundlage der Entscheidung. Die Handlungsoption mit der besten Planprognose ist grundsätzlich anzuordnen.

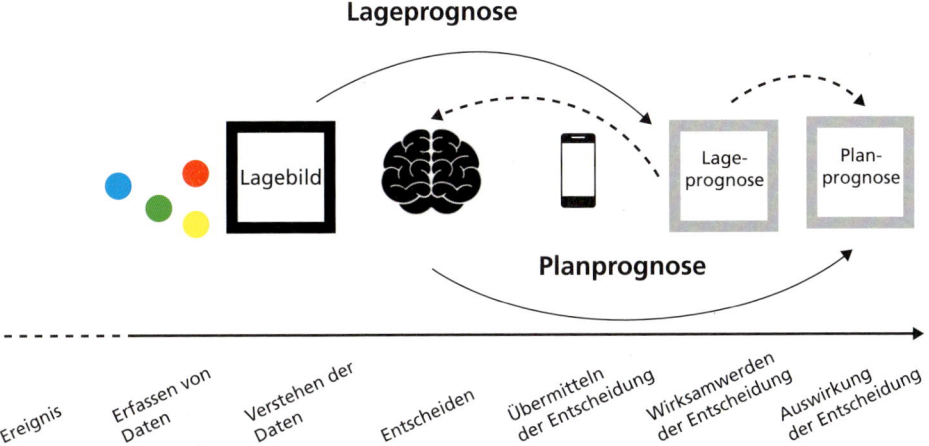

Bild 2: *Handlungsplanung*

Die Dauer zwischen Datenerfassung und Evaluation der angeordneten Handlungsoption kann je nach Führungsebene zwischen Bruchteilen einer Sekunde (Gruppenführer) und Stunden (Katastrophen- und Krisenstäben) betragen. Je länger diese Dauer ist, desto sinnvoller ist es, die Aufgaben der Einsatzplanung (Operational Design) von denen der Einsatzdurchführung (Operational Management) zu trennen.

Merke:
Prognosen sind entscheidend für den Planungsprozess.

Mittels des **Operational Designs** wird die Strategie der Gefahrenabwehrbehörde operationalisiert, das heißt die mittel- bis langfristigen Planungen der Gefahrenabwehr- und Krisenbewältigungsmaßnahmen werden erstellt. Das **Operational Management** führt dann diese erarbeiteten Pläne aus. In einem operativ-taktischen Stab sind dies beides Aufgaben des Bereiches S3; in einem administrativ-organisatorischen Stab fällt das Operational Design in den Aufgabenbereich des Verwaltungsstabes und das Operational Management in den der Fachämter.

Diese beiden Tätigkeiten lassen sich zwei verschiedenen Bereiche des Stabsarbeitskreislaufes zuordnen (siehe Bild 3). Nach der mentalen Vorbereitung der Stabsangehörigen durch den/die Stabsleiter:in und nachdem ein gemeinsames Situationsbewusstsein erzeugt wurde, beginnt die Einsatzgrobplanung (der erste Schritt des Operational Designs). Es sind unterschiedliche Handlungsoptionen grob auszuarbeiten und der entscheidungsbefugten Person (in der Regel die politisch gesamtverantwortliche Person) bzw. der Einsatzleitung vorzustellen, die sich dann für eine Option entscheidet. Damit endet das Operational Design. Die gewählte Option wird dann vom Stab bzw. den Fachämtern detailliert ausgearbeitet, angeordnet und deren Ausführungen überwacht. Dies sind die Aufgaben des Operational Management. Kleinere Anpassungen der Planung an die Realität werden im Rahmen des Operational Managements vollzogen. Sollte der Plan nicht zur Verbesserung der Lage führen oder sollte sich die Lage drastisch verändern, muss wieder mit dem Operational Design begonnen werden.

Da jede Prognose mit Unsicherheiten verbunden ist, ist es sinnvoll die Phase Operational Design in Zeiten zu legen, in denen vor Ort keine Krisenbewältigungshandlungen ausgeführt werden. In dieser Zeit entwickelt sich die Lage vor Ort nur aufgrund naturwissenschaftlicher Gesetze unabhängig von den Gefahrenabwehrhandlungen weiter. Bei kurzfristigen Schockereignissen wie einer Flutkatastrophe verändert sich die Lage, nachdem die Flutwelle vorbei ist, nur unwesentlich. Deshalb kann die Lageprognose mit einer hohen Eintrittswahrscheinlichkeit erstellt werden. Dies vereinfacht das Operational Design erheblich. Sehr häufig ruhen die Gefahrenabwehrhandlungen nachts, sodass sich eine entsprechende Schichtfolge für das Operational Design und das Operational Management ergibt. Die Schicht, die für das Operational Design verantwortlich ist, arbeitet von 21:00 Uhr bis 07:00 Uhr während sich das Operational Management zwei Schichten von 07:00 bis 21:00 teilen.

Merke:

Jede Entscheidung beruht auf unsicheren Informationen und mangelbehafteten Wissen.

2 Führen in Krisen

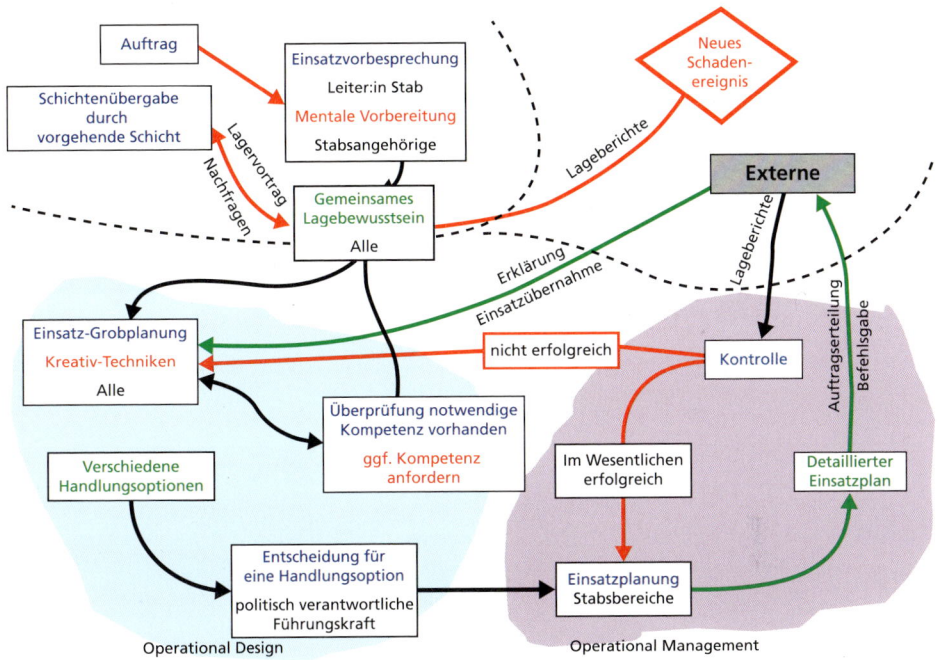

Bild 3: *Operation Design und Operational Management innerhalb der Stabsarbeit*

Bild 4: *Beispiel für die Schichtplanung eines Stabes*

Die zeitverzögerte Reaktionsfähigkeit und die schnelle Lageentwicklung sind der Grund, warum das sogenannte »Eisenhower-Prinzip« (Führungskräfte sollen die Aufgaben selber wahrnehmen, die wichtig und dringend sind) in Krisen nicht funktioniert. Aufgaben, die schneller gelöst werden müssen als die Reaktionszeit beträgt, müssen delegiert werden (entsprechend dem Prinzip »Führen mit Auftrag« in der FwDV/DV 100), egal wie wichtig sie sind (siehe Bild 5).

2 Führen in Krisen

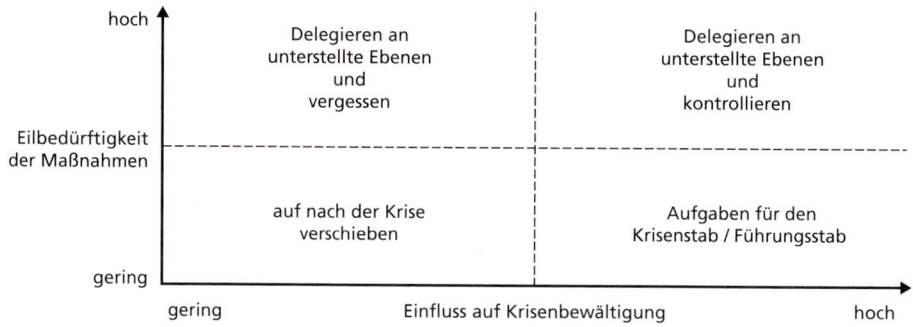

Bild 5: *Aufgabenwahrnehmung in der Krise, in Anlehnung an das Eisenhower-Prinzip*

Takeaway:

Besonders in Krisen ist darauf zu achten, dass mit Auftrag geführt wird. Dringende Aufgaben sind zu delegieren. Die Prognosen für das Operational Design sollten eher in Zeiten stattfinden, in denen vor Ort nicht gehandelt wird. Das Operational Management erfolgt hingegen in den aktiven Zeiten der Gefahrenbewältigung.

3 Führungssysteme

In der heutigen Zeit mit den vielfältigen, teilweise nicht vorhersehbaren, komplexen Gefährdungen unserer Gesellschaft und somit kaum abzuschätzenden Herausforderungen an den Bevölkerungsschutz bedarf es eines Führungssystems, das sich leicht an die Gefahrenlage und an die Helfer-Lage adaptieren lässt. Es muss agil auf Veränderungen reagieren können. Die FwDV/DV 100 bietet mit dem Prinzip des »Führens mit Auftrag« solch ein System an. Sie ist lediglich entsprechend anzuwenden. M. E. sollte man komplexe Krisensituation nicht durch ein entsprechend komplexes Führungssystem begegnen. Ist der Stress hoch, führen i. d. R. einfache Lösungen eher zum Ziel.

Merke:
Die FwDV/DV 100 bietet ein Führungssystem an, dass den heutigen und den zukünftigen Herausforderungen an den Bevölkerungsschutz gewachsen ist.

3.1 Kategorisierung

Führungssysteme können nach Albert und Hayes (2005) anhand drei Parameter eingeteilt werden (siehe Bild 6):
- Verteilung des Rechts auf Entscheidung im Kollektiv (von keine bis breit)
- Art der Zusammenarbeit der Entitäten (von eingeschränkt bis uneingeschränkt)
- Informationsverteilung zwischen den Entitäten (von keine bis breite)

Je nach Ausprägung dieser Parameter können vier Kategorien unterschieden werden:

1. De-Conflicted (entflochten)
Diese Art der Führung findet man im heutigen Bevölkerungsschutz bei BOS-Einheiten bis zu Verbänden. Der/die Verbandsführer:in trifft ggf. zusammen mit dem Führungstrupp die Entscheidungen für seine/ihre Einheit. Eine Zusammenarbeit und Informationsverteilung mit anderen Entitäten erfolgt bezüglich des eigenen Aufgabenbereiches nur eingeschränkt.

3 Führungssysteme

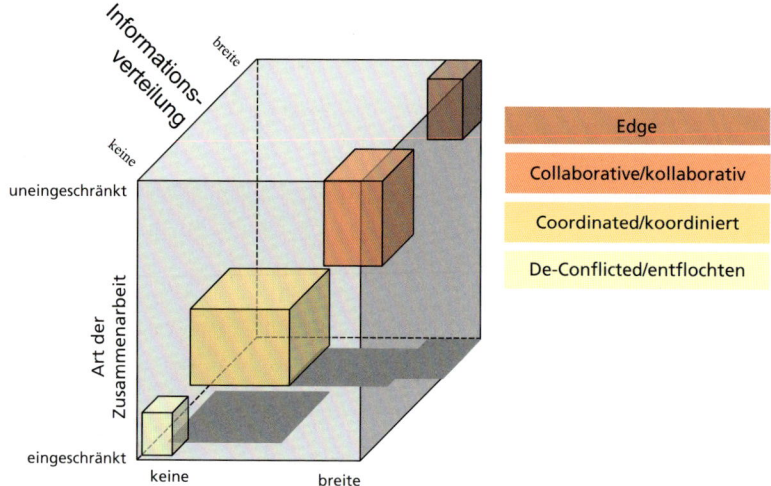

Bild 6: *Kategorisierung von Führungssystemen entsprechend Alberts/Hayes 2003 (Grafische Darstellung entsprechend Farell)*

2. Coordinated (koordiniert)
Beim Führen mit Auftrag werden Entscheidungskompetenzen an unterstellte Entitäten abgegeben. Dazu müssen diese entsprechend informiert werden und in der Lage sein, mit nicht unterstellten Entitäten zusammenzuarbeiten. So gibt ein Stab Ziele für die Technische Einsatzleitung (TEL) vor. Um diese umzusetzen, muss die TEL Absprachen mit den Kräften der Polizei oder Kommunen treffen.

3. Collaborative (kollaborativ)
Bei einer kollaborativen Führung werden die Entscheidungskompetenzen auch an nichtunterstellte Entitäten delegiert. Dazu müssen umfangreiche Informationen auch mit diesen geteilt werden und eine umfangreiche Zusammenarbeit ist unabdingbar.

4. Edge
Edge-Führung – also die weitestgehende Delegation der Entscheidungsbefugnis und Eigenständigkeit der agierenden Entitäten – findet sich extrem selten, ist aber die Voraussetzung, dass die unterschiedlichen Entitäten bei einer Großschadenlage

(BOS-Einheiten, Spontanhelfende, Unternehmen etc.) ohne Reibungsverluste zum Wohle der Betroffenen agieren können.

Die bisherig angewendete Führung entsprechend den Katastrophenschutzgesetzen der Länder und der FwDV/DV 100 kann als coordinated bis collaborative bezeichnet werden. Wichtig ist an dieser Stelle anzumerken, dass zwar Entscheidungskompetenzen delegiert werden können, aber nicht die Verantwortung.

Tipp:
Etabliere eine Edge-Führungsstruktur, um agil auf Veränderungen reagieren zu können und Spontanhelfende effektiv und effizient einbinden zu können.

Verantwortlich ist immer die politisch gesamtverantwortliche Person, wie sie in der FwDV/DV 100 etwas kryptisch beschrieben wird. Im Klartext: verantwortlich ist der/die Bürgermeister:in der Gemeinde, in der der Schaden eingetreten ist. Dies gilt so lange bis eine übergeordnete Behörde (zum Bespiele der Landrat oder die Landrätin) die Einsatzleitung übernimmt (z. B. durch Ausrufen des Katastrophenfalles). Ein nach oben Delegieren ist nach der deutschen Gesetzgebung nicht möglich.

3.2 FwDV/DV 100 und Hinweise für Verwaltungsstäbe

Grundlagen des Führungssystem des deutschen Bevölkerungsschutzes sind die »Feuerwehr-Dienstvorschrift 100 (FwDV 100)« und die »Hinweise zur Bildung von Stäben der administrativ-organisatorischen Komponente (Verwaltungsstäbe – VwS)«. Die Feuerwehr-Dienstvorschrift 100 ist in allen Bundesländern auch als Führungsvorschrift für den Katastrophenfall eingeführt, wodurch eine gesonderte Katastrophenschutz-Dienstvorschrift 100 überflüssig geworden ist. Kurz nach der Einführung der Feuerwehr-Dienstvorschrift 100 haben die Hilfsorganisationen und das THW nahezu gleichlautende Führungsvorschriften für ihren Zuständigkeitsbereich eingeführt, weshalb heute im Allgemeinen von der FwDV/DV 100 gesprochen wird.

Die FwDV/DV 100 gibt vor, dass der/die oberste Einsatzleiter:in als »politisch gesamtverantwortliche Komponente« in der Wahrnehmung der Aufgabe von einer administrativ-organisatorischen und einer operativ-taktischen Komponente unterstützt wird (siehe Bild 7). Diese unterstützenden Komponenten können in einem Stab oder getrennt in zwei arbeiten.

3 Führungssysteme

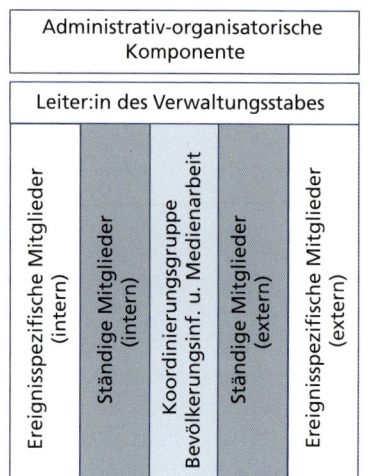
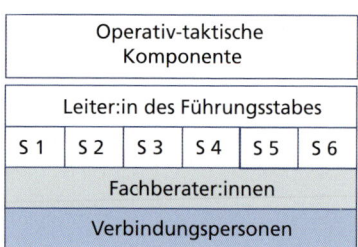

Bild 7: *Führungskomponenten entsprechend der FwDV/DV 100*

Zur Umsetzung der Beschlüsse bedient sich die administrativ-organisatorische Komponente der Ämter der Verwaltung und die operativ-taktische Komponente der Einheiten der BOS (siehe Bild 8).

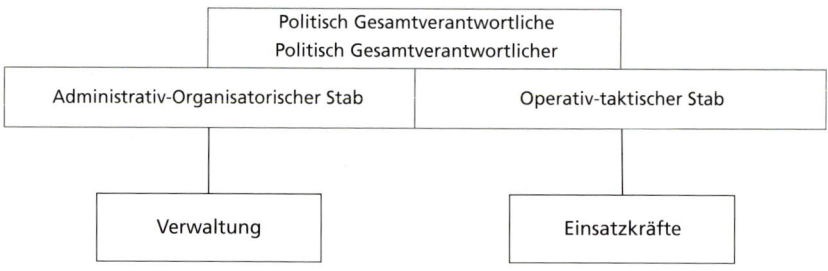

Bild 8: *Umsetzungsakteure entsprechend der FwDV/DV 100*

Die FwDV/DV 100 gibt nicht explizit vor, wer sich um die Spontanhelfenden kümmern soll. Die Antwort ergibt sich aus den verschiedenen Arbeitsweisen und Reaktionszeiten der beiden Komponenten (siehe dazu Kapitel 2). Je nach Aufgabe der Spontanhelfenden müssen sich die Mitarbeiter:innen der administrativ-organisatorischen Komponente oder die der operativ-taktischen mit ihnen beschäftigen. Welche Stabsangehörigen dabei welche Aufgaben wahrzunehmen haben, ist im Kapitel 5.4 beschrieben.

In der FwDV/DV 100 ist weiterhin festgelegt, dass zur Entscheidung ein rationales Verfahren anzuwenden ist (siehe Bild 9):

1. Sammeln von Informationen, um die Lage situationsangepasst erfassen zu können,
2. (darauf aufbauend) Beurteilung der verschiedenen Handlungsoptionen bezüglich Wirksamkeit und Gefährdungen für die Einsatzkräfte und Entschluss, eine Handlungsoption umzusetzen,
3. Befehlsgebung, damit die Einsatzkräfte, den Plan der Führung auch umsetzen.

Solch ein Entscheidungsprozess wird oftmals von Spontanhelfenden nicht gewählt. Diese entscheiden eher intuitiv, aus dem Bauch heraus. Solch unterschiedlichen Entscheidungsfindungsprozesse können aber in dem Führungssystem der FwDV/DV 100 durchaus parallel existieren, wenn das Prinzip »Führen mit Auftrag« (siehe Kapitel 6) angewendet wird. Wichtig dabei ist nur, dass der Führungsrhythmus aufeinander abgestimmt ist (siehe Kapitel 5.6).

Achtung:
Spontanhelfende entscheiden häufig intuitiv.

Merke:
Entsprechend der FwDV/DV 100 sollten Entscheidungen rational getroffen werden.

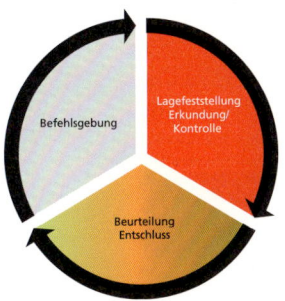

Bild 9: *Führungsvorgang entsprechend der FwDV/DV 100*

3.3 UN OCHA-Cluster-System

Grundprinzip des Führungssystems der Vereinten Nationen bei Katastrophenhilfe-Operationen ist, dass das Team von UNDAC (United Nations Disaster Assessment and Coordination) und UN OCHA (United Nations Office for the Coordination of Humanitarian Affairs) niemandem gegenüber weisungsbefugt ist – auch nicht den anderen UN-Organisationen gegenüber. Sie arbeiten als Informationsbroker und bieten allen anderen eine Koordinationsplattform an. Sie koordinieren die Hilfsoperationen zwischen elf Hauptbereichen (siehe Bild 10). Die Organisationen, die in diesen Bereichen tätig werden, werden wiederum von internationalen Lead-Organisationen koordiniert. So entsteht ein zweistufiges Koordinations- und Informationsaustauschsystem. Die koordinierenden Organisationen motivieren die

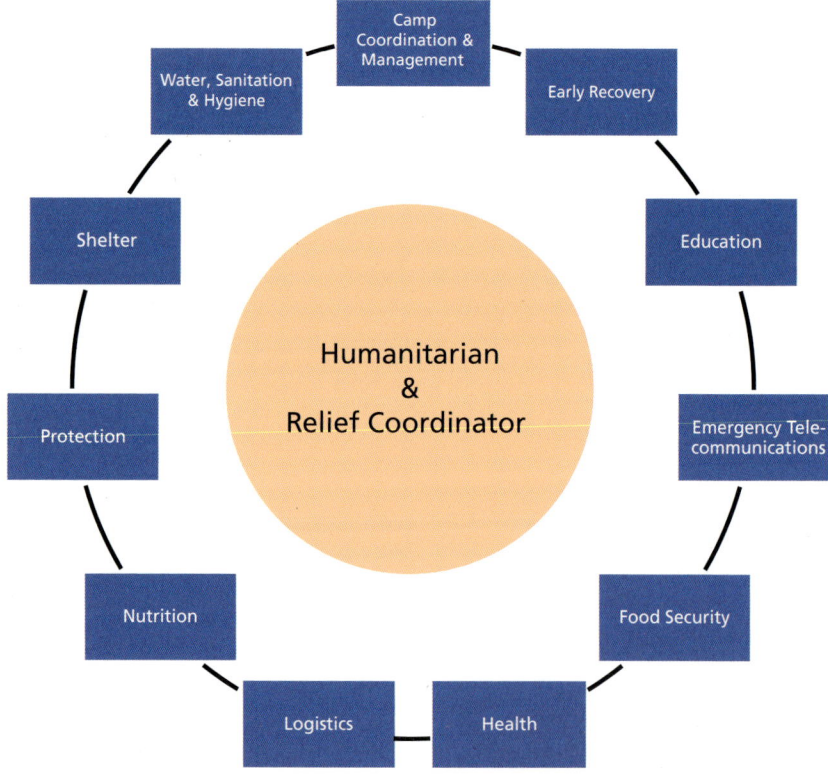

Bild 10: *UN OCHA-Cluster-System*

internationalen, die staatlichen und die nichtstaatlichen Organisationen zur Zusammenarbeit. Sie nutzen dazu ihre Funktion als Informationsbroker und Koordinierungsplattform. Zusätzlich nutzen sie den Reputationsgewinn, die die Organisationen bekommen, wenn sie sich in das UN OCHA-CLuster-System konstruktiv einbringen. Nur die Organisationen, die sich diesem Cluster-System unterwerfen und die bestimmte Guidelines einhalten, werden von den anderen als Teil der Humanitarian Community anerkannt.

Merke:
UN OCHA führt eine große Anzahl von internationalen Organisationen durch Motivation.

Ohne gesetzliche Bestimmung oder Einführung eines Command and Control-Systems ist UN OCHA dadurch in der Lage, Operationen gezielt und koordiniert zu leiten.

3.4 Netzwerk aus Netzwerken

Das UN Cluster-System kann auch als ein Netzwerk aus unterschiedlichen Netzwerken betrachtet werden. Auch hier bedarf es Regeln und Vertrauen unter den Partnern. Laut McChrystal et al. (2015) müssen die Führungskräfte die Art, wie sie die Krisenbewältigung betrachten, ändern: Anstatt sich darauf zu konzentrieren, Einsatzkräfte im Schadengebiet wie Schachfiguren hin und her zu verschieben, müssen sie sich auf das Ecosystem der Krise konzentrieren (»Wechsel vom Schachspieler zum Gärtner«). Hauptaufgabe der behördlichen Stäbe muss heutzutage sein, das Umfeld so zu gestalten, dass die Helfer:innen – egal ob von einer BOS, einem Unternehmen oder Spontanhelfende – ihre Arbeit vor Ort optimal ausführen können. Das wichtigste Führungsinstrument in einem Netzwerk aus Netzwerken ist das vorbildliche eigene Verhalten. Nicht nur aufgrund der fehlenden rechtlichen Möglichkeiten zum direkten Führen und Leiten, sondern auch aufgrund der hohen Dynamik und Komplexität heutiger Krisenlagen müssen die Gefahrenabwehrbehörden Aufgaben, Informationen und Entscheidungsbeteiligungen weit delegieren (siehe Bild 6). Sie sollten sich darauf konzentrieren, Informationsbroker und der Leuchtturm im Zentrum der Krisenbewältigung zu sein.

3 Führungssysteme

Tipp:
In komplexen Lagen sollten die Stäbe statt zu führen und zu leiten besser die verschiedenen handelnden Personen koordinieren und deren Umfeld kultivieren.

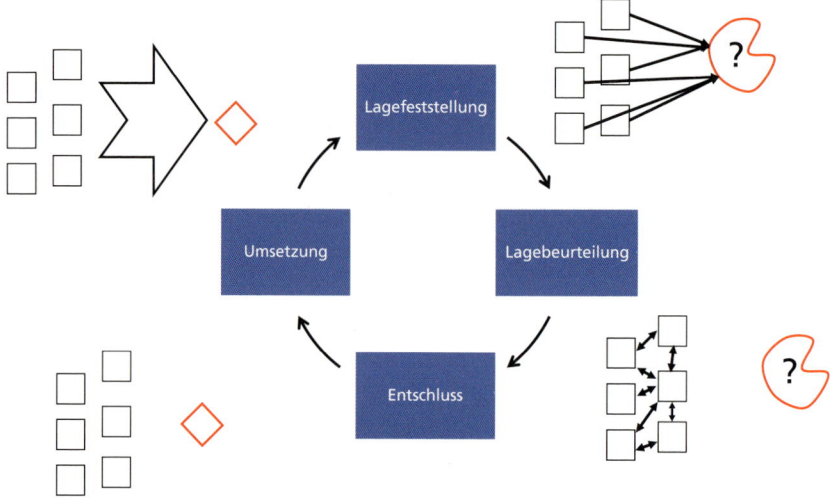

Bild 11: *Kooperation der zur Zusammenarbeit willigen*

Je nach Krise/Katastrophe werden sich unterschiedliche Akteur:inne an der Bewältigung der Lage beteiligen. Zur Kooperation in einer Krise sind die Agierenden nur dann bereit, wenn sie die Situation auch als Krise auffassen. Dazu bedarf es zunächst einer Lagefeststellung (siehe Bild 11). Im Nichtkrisenfall führen dies die verschiedenen Akteur:inne unabhängig voneinander durch. Im besten Fall tauschen sie sich bei der Beurteilung der Lage untereinander aus und erzeugen ein gemeinsames Situationsbewusstsein. Dabei sollte der Informationsaustausch und die Beurteilung von der Gefahrenabwehrbehörden ausgehen (siehe Kapitel 7.1). Die einzelnen Agierenden sollten möglichst alle ihre Lageinformationen teilen, um so die anderen Beteiligten zu motivieren, ihre Informationen ebenfalls zu teilen. Inwieweit eine handelnde Person sich an der Krisenbewältigung beteiligt, entscheidet jeder wiederum für sich allein. Idealerweise entschließen sich die Akteur:inne gemeinsam, die Krise zu bewältigen und ihre Maßnahmen untereinander abzustimmen. Auch hier muss der Impuls von den Gefahrenabwehrbehörden kommen (siehe Kapitel 7.2).

3.4 Netzwerk aus Netzwerken

Takeaway:

In komplexen Krisensituationen, deren Häufigkeit in Zukunft vermutlich steigen wird, benötigt man ein agiles Führungssystem, das die unterschiedlichen Entitäten (von hierarchisch bis anarchisch organisiert) einbinden kann. Dies ist Mithilfe der FwDV/DV 100 möglich, wenn man konsequent mit Auftrag führt und sowohl orts- wie aufgabenbezogene Einsatzabschnitte bildet (siehe Kapitel 5.2). Entsprechend dem Modell »Netzwerk aus Netzwerken« kann die Führung in den einzelnen Einsatzabschnitten durchaus unterschiedlich erfolgen (von hierarchisch bis anarchisch).

4 Kategorisierung von Spontanhelfenden

Es gibt nicht die prototypischen Spontanhelfenden. Jede Gruppe ist so vielfältig wie unsere Gesellschaft und kann die unterschiedlichsten Kompetenzen, Kulturen und Personalstärken (von Einzelpersonen bis zu Hunderten) umfassen. Die Gefahrenabwehrbehörden haben sich individuell auf die Spontanhelfenden einzustellen.

Um zumindest erste grobe Empfehlungen im Umgang mit Spontanhelfenden anführen zu können, ist es hilfreich, sie zu kategorisieren. Dabei bieten sich zwei unterschiedliche Einteilungskategorien an:

- Unterscheidung anhand systemtheoretischer Kriterien (siehe Kapitel 4.1)
- Unterscheidung der Art der Hilfeleistung (siehe Kapitel 4.2)

Für alle Spontanhelfende gilt, dass sie sich überwiegend über Social Media organisieren. Schließen sie sich zu Gruppen zusammen, so sind diese in der Regel durch flache Hierarchien und Vernetzungen untereinander gekennzeichnet.

Die Einbindung oder nicht Einbindung von Spontanhelfenden kann grundsätzlich auf drei Weisen erfolgen:

1. Die Gefahrenabwehrbehörden ignorieren die Aktivitäten der Spontanhelfenden.
Diese Art ist in der Regel die schlechteste. Bei dieser Herangehensweise werden Ressourcen durch Doppelarbeit vergeudet, während an anderer Stelle unter Umständen Ressourcen fehlen. Zusätzlich wird es politisch und gegenüber der Öffentlichkeit heutzutage kaum noch zu erklären sein, weshalb eine Gefahrenabwehrbehörde die Zusammenarbeit mit Spontanhelfenden nicht anstrebt.

2. Die Gefahrenbehörden monitoren die Tätigkeiten der Spontanhelfenden und übernehmen mit ihren Kräften die Aufgaben, die die Spontanhelfenden nicht wahrnehmen.
Bei dieser Herangehensweise nehmen Spontanhelfende unter Umständen Aufgaben wahr, die die behördlichen Kräfte besser ausführen können. Diese Herangehensweise ist notwendig, wenn es den Gefahrenabwehrbehörden nicht gelingt, alle Spontanhelfenden zu überzeugen, dass eine koordinierte Zusammenarbeit den Betroffenen am besten hilft.

4.1 Kategorisierung nach systemtheoretischen Kriterien

3. Die Gefahrenabwehrbehörden arbeiten mit allen Spontanhelfenden koordiniert zusammen.
Dies muss heute das Ziel aller Gefahrenabwehrbehörden sein.

4.1 Kategorisierung nach systemtheoretischen Kriterien

Bei dieser Kategorisierung erfolgt die Einteilung anhand dreier Kriterien (siehe Bild 12):
- Zeitpunkt des Entschlusses der Spontanhelfenden zu helfen,
- Ausprägung der internen Bürokratie der Gruppe der Spontanhelfenden,
- Bereitschaft zur Zusammenarbeit mit den Gefahrenabwehrbehörden.

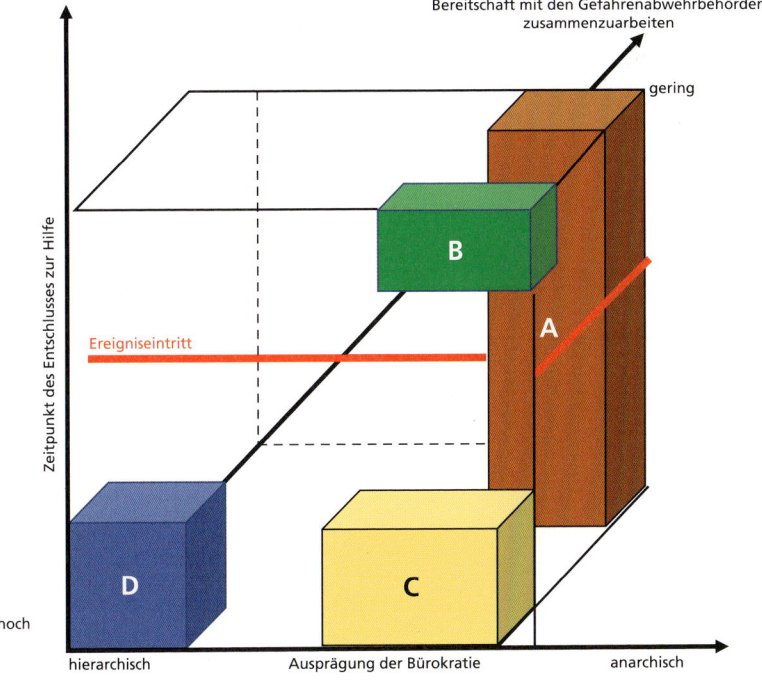

Bild 12: *Kategorisierung der Spontanhelfenden anhand systemtheoretischer Kriterien*

4   Kategorisierung von Spontanhelfenden

Der Zeitpunkt des Entschlusses der Menschen, Spontanhelfende zu werden, hat einen erheblichen Einfluss auf die Möglichkeit der Gefahrenabwehrbehörden, um diese frühzeitig in die Bewältigung konstruktiv einzubinden.

Im Nachgang zu den Hochwasserlagen Ende der 2010er Jahren wurden Plattformen entwickelt, auf denen sich Bürger:innen in normalen Zeiten registrieren können, wenn sie grundsätzlich bereit sind, in Krisensituation als Spontanhelfende zur Verfügung zu stehen. Neben dem Namen und Kontaktmöglichkeiten können in der Regel auch Kompetenzen und Einschränkungen vermerkt werden, sodass die Einsatzplaner:innen der Gefahrenabwehrbehörden – ggf. über vermittelnde Personen (siehe Kapitel 12.2) – gezielt die jeweiligen Spontanhelfenden ansprechen können. Dadurch kann im Vorfeld festgelegt werden, wann welche Spontanhelfenden und wo im Schadengebiet mitwirken können. Eine mittelfristige Planung ist somit möglich.

Eine zweite Kategorie von Spontanhelfenden hat sich bereits vor der Krise existierenden Gruppen und Organisationen angeschlossen, die in der Regel für einen ganz anderen Zweck gegründet wurden (z. B. Obdachlosenhilfe etc.). Mit Eintritt der Krise entscheiden sich die Gruppen an der Krisenbewältigung teilzunehmen. Häufig schließen sich dann weitere Spontanhelfende diesen Gruppen an, so dass diese aus »altgedienten, wohlbekannten« Personen und spontan dazu gestoßenen bestehen. Die Einsatzplaner:innen der Gefahrenabwehrbehörden können zumindest mit den »Altgedienten« planen.

Und als dritte gibt es die Gruppe, die sich erst nach dem Eintritt der Krise dazu entschließt, zu helfen. Diese Personen erscheinen in der Regel unvorhergesehen im Krisengebiet. Die Einsatzplaner:innen können nur aus den Erfahrungen ehemaliger Krisenlagen abschätzen, welche Kompetenzen ihnen zur Verfügung stehen werden.

Die zweite Unterscheidungskategorie betrachtet den **Bürokratisierungsgrad** einer Spontanhelfenden-Organisation. Streng hierarchisch strukturierte Organisationen sind anders in die behördliche Gefahrenabwehr einzubinden als anarchisch organisierte. Bei ersten kann eher mit »Befehl« geführt werden als bei letzteren. Die Mitarbeiter:innen der Gefahrenabwehrbehörden, die mit Spontanhelfenden in direkten Kontakt treten – sei es persönlich oder über Medien – müssen ihren Kommunikationsstil entsprechend anpassen (siehe Kapitel 7.2).

Die dritte Unterscheidungskategorie betrachtet **das Verhältnis der Spontanhelfenden zu den Gefahrenabwehrbehörden**, inwieweit sie bereit sind, mit Behörden zusammenzuarbeiten. Manche streben es an, in die behördliche Gefahrenabwehr eingebunden zu werden und sind dementsprechend beleidigt, wenn sie es nicht werden, andere lehnen eine Zusammenarbeit strikt ab.

4.1 Kategorisierung nach systemtheoretischen Kriterien

Entsprechend dieser Kategorisierungen können vier Hauptgruppen unterschieden werden, die unterschiedlich angesprochen werden müssen. Ziel der Gefahrenabwehrbehörden muss es sein, dass eine koordinierte Gefahrenabwehr zum Wohle der Betroffenen grundsätzlich mit allen Spontanhelfenden, egal welcher Gruppe, organisiert werden kann.

Gruppe A
Spontanhelfende der Gruppe A sind am schwierigsten zu einer gemeinsamen Krisenbewältigung zu motivieren. Sie lehnen eine enge Kooperation mit staatlichen Behörden aus grundsätzlichen Erwägungen ab. Als Beispiele sind hier Teile der Occupy- und Friday-for-Future-Bewegung zu nennen.

Die Hauptaufgabe für die Gefahrenabwehrbehörden besteht darin, diese Spontanhelfenden davon zu überzeugen, dass eine koordinierte Hilfe den Betroffenen am besten hilft. Unabdingbare Voraussetzung dafür ist, dass die Führungskräfte der Behörden den Spontanhelfenden auf Augenhöhe begegnen. Ungeachtet gesetzlicher Regelungen sollte auf ein Unterstellungsverhältnis jeglicher Art nicht bestanden werden. Um die Hilfsmaßnamen mit den Spontanhelfenden koordinieren zu können, müssen die Behörden mit ihnen ins Gespräch kommen. Dabei gibt es zwei Hindernisse zu überwinden:

1. das technische der Etablierung eines Kommunikationskanals und
2. das psychologische des Aufbauens von Vertrauen.

Die erste Aufgabe ist eine der Koordinierungsgruppe des Krisenstabes (KGS) bzw. des Stabsbereichs S6. Sie müssen die technischen Voraussetzungen schaffen, damit mit den Spontanhelfenden überhaupt Kontakt aufgenommen werden kann. Diese Aufgabe ist bereits heute schon anzugehen. So haben die dafür Verantwortlichen das Kommunikationsverhalten möglicher zukünftiger Spontanhelfenden zu beobachten. Da diese bisher immer über Social Media kommunizierten, sollten besonders die entsprechenden Plattformen beobachtet werden:

- Wer kommuniziert auf welcher Plattform?
- Welche Plattformen sind gerade besonders angesagt?

Nach der Analyse ist technisch sicherzustellen, dass die Bereiche BuMA und/oder S5 die zweite Aufgabe wahrnehmen können. Letztere haben die Art und Weise der Kommunikation auf diesen Plattformen zu analysieren, um im Bedarfsfall die richtige Ansprechform zu wählen. Daneben sollten die Hauptverwaltungsbeamt:innen sowie deren Pressesprecher:innen regelmäßig darauf hinweisen, dass ihre Gefahrenabwehrstäbe im Bedarfsfall Spontanhelfende zum Wohle der Betroffenen einbinden werden.

Gruppe B
Spontanhelfende der Gruppe B sind grundsätzlich bereit, mit den Gefahrenabwehrbehörden zusammenzuarbeiten, entscheiden sich aber erst nach dem Eintritt der Krise dazu, Hilfe zu leisten. Naturgemäß sind sie un- bzw. gering organisiert. Sie erscheinen als Einzelperson oder Gruppe an den Einsatzstellen. Auch diese müssen überwiegend auf den aktuellen Social-Media-Kanälen angesprochen werden. Im Vergleich zur Gruppe A muss jetzt das Vertrauen zu den Gefahrenabwehrbehörden nicht aufgebaut werden. Aber die Zuständigen der Bevölkerungsinformation und Medienarbeit (BuMA) und S5 haben so zu kommunizieren, dass das Vertrauen erhalten bleibt. Diese Gruppe von Spontanhelfenden ist vermutlich die älteste. Bereits nach der Sturmflut 1962 in Hamburg bewiesen unzählige Spontanhelfende ihre Fähigkeiten. Sie retteten viele Menschenleben und erleichterten das Schicksal der Überlebenden beträchtlich.

Gruppe C
Spontanhelfende der Gruppe C traten erst in den letzten Jahren auf. So wurden u. a. von Rotkreuz-Organisationen Internet-Plattformen eingerichtet, auf denen sich jeder registrieren lassen kann und bei Bedarf um Hilfe gebeten wird (siehe Kapitel 12.2). So können gezielt und geordnet Spontanhelfende in ein Schadengebiet entsandt werden. Um diese Spontanhelfende anzusprechen, müssen die Gefahrenabwehrbehörden nur die Betreibenden der entsprechenden Internetseiten ansprechen. Der Kontakt zu diesen sollte bereits vor einer Krise aufgenommen werden.

Gruppe D
Spontanhelfende der Gruppe D entsprechen schon nahezu den klassischen Hilfsorganisationen. Sie haben sich häufig aus aktiven Spontanhelfenden einer früheren Krise gebildet und sind auch außerhalb der Krise z. B. im sozialen Bereich tätig. Auch hier besteht die Aufgabe der Gefahrenabwehrbehörden darin, rechtzeitig Kontaktdaten zu erfragen.

An dieser Stelle ist leider noch eine andere Gruppe zu nennen: die Störer:innen. Gerade in Krisen geben sich einige Personen oder Gruppen als Spontanhelfende aus, deren primäres Ziel nicht die Hilfe der Betroffenen ist, sondern die Durchsetzung eigener Ziele. Diese können radikal politischer und religiöser Art sein und reichen bis zu vollkommenen Wahnvorstellungen und können krimineller Natur sein. Für die Gefahrenabwehrbehörden besteht die Schwierigkeit erst einmal darin, diese Gruppen oder Personen zu erkennen und zum anderen auf deren kurzfristige Hilfe zu verzichten, um mittel- und langfristige Schäden eines größeren Ausmaßes zu

4.2 Kategorisierung nach Art der Hilfeleistung

verhindern. Dies der Öffentlichkeit und den Medien entsprechend zu vermitteln, ist eine sehr herausfordernde Aufgabe für die Bereiche BuMA und S5.

4.2 Kategorisierung nach Art der Hilfeleistung

Fahti und Fiedrich unterteilen die Art der Hilfeleistung von Spontanhelfenden in vier Kategorien (Fathi 2017):

- Kategorie 1: Helfer:innen, die allgemeine Aufgaben übernehmen, z. B. Aufräumarbeiten,
- Kategorie 2: Helfer:innen, die spezielle Aufgaben übernehmen, für die sie z. B. durch ihre berufliche Qualifikation befähigt sind,
- Kategorie 3: Helfer:innen, die Ressourcen bereitstellen und koordinieren
- Kategorie 4: Digitale Freiwillige.

Die Kategorie 1 sind die »klassischen« Spontanhelfenden wie wir sie aus den Flutkatastrophen z. B. der Elbe kennen. Die Spontanhelfenden der Kategorien 2 bis 4 zeigten bei der Flutkatastrophe 2021 in Westdeutschland, dass sie unabhängig von den Gefahrenabwehrbehörden zumindest ähnlich erfolgreich Hilfe leisten können (siehe Kapitel 14). Für alle vier Kategorien sind die rechtlichen Grundlagen identisch und die Herausforderungen ihrer Einbindung in die behördliche Gefahrenabwehr nahezu gleich. Eine Besonderheit gibt es für die Spontanhelfenden der Kategorie 4, die nicht physisch am Einsatzort erscheinen, den Digital Freiwilligen. Mit ihnen muss während des Einsatzes virtuell Kontakt gehalten werden. Um das Vertrauen zu erzeugen und dann auch zu behalten, sollte die Anzahl der Kontaktpersonen, die mit Spontanhelfenden kommunizieren, möglichst klein gehalten werden.

Takeaway:
Es gibt unterschiedliche Arten von Spontanhelfenden, die unterschiedlich schwer in die behördliche Gefahrenabwehr eingebunden werden können. Wenn die Gefahrenabwehrbehörden sich auf Personen vorbereiten, die sich als eher staatsfern ansehen und auf solche, die sich erst nach dem Eintritt der Krise als Einzelperson oder in Kleingruppen entscheiden, zu helfen, so sind die Gefahrenabwehrbehörden in der Lage, auch alle anderen Arten effektiv und effizient in ihre Gefahrenabwehr einzubinden.

5 Führung bei der Einbindung von Spontanhelfenden

Eine länderoffene Arbeitsgruppe unter Federführung des BBK, die die Empfehlungen zu der Nutzung von Social Media im Bevölkerungsschutz erarbeitet hat (BBK 2016), empfiehlt, dass Spontanhelfende in die existierenden Einsatz- und Krisenmanagementstrukturen integriert werden sollen. Vom Aufbau von Parallelstrukturen wird abgeraten.

Achtung:
Existiert ein Führungsvakuum, etablieren Spontanhelfende ein eigenes Führungssystem parallel und unabhängig vom behördlichen.

5.1 Führung im Chaos

Tritt eine Katastrophe bzw. Krise ein, beginnt unmittelbar die Gefahrenabwehr. Zuerst werden Betroffene, Nachbar:innen und zufällig anwesende Personen mit der Hilfeleistung beginnen. Diese Phase kann als »Pre-Rettungslage« (siehe Bild 13) bezeichnet werden, in der die Hilfskräfte der Gefahrenabwehrbehörden noch nicht vor Ort sind. Die in dieser frühen Phase gebildeten Gruppen helfender Personen werden jeweils für sich ein natürliches Führungssystem einführen. Die Systeme reichen von hierarchisch bis anarchisch, je nach den Personen, die in der Gruppe zusammengefunden haben. Mit großer Wahrscheinlichkeit werden bereits in dieser Phase erste Bilder vom Geschehen in den Social Media veröffentlicht. Dadurch kann der Eindruck entstehen, dass die Gefahrenabwehrbehörden der Lage nicht gewachsen sind. Und dies führt dann zu einer vermehrten Motivation bei den potenziellen Spontanhelfenden.

Tipp:
Durch Agieren vor Ort müssen die Gefahrenabwehrbehörden zeigen, dass sie das Heft des Handelns in die Hand nehmen.

5.1 Führung im Chaos

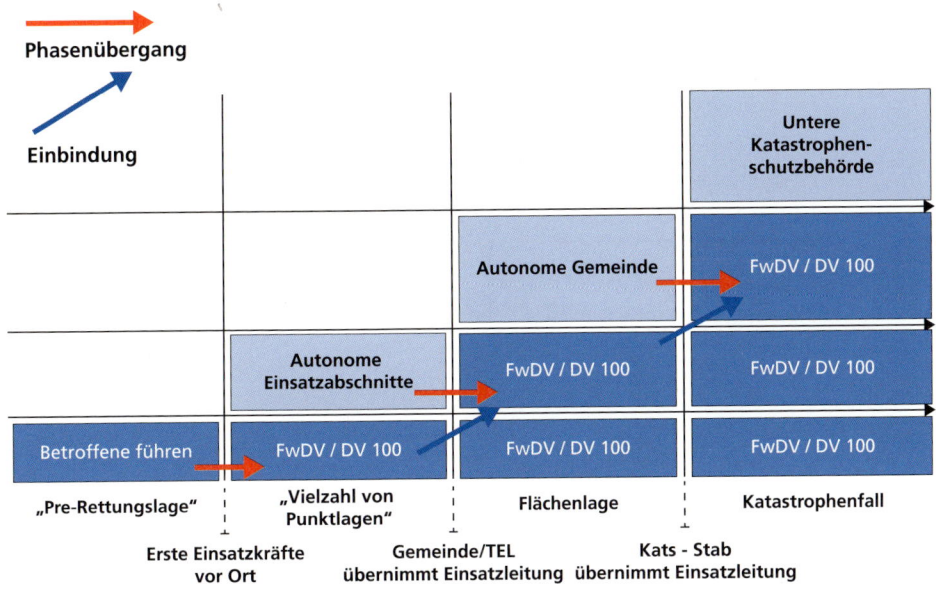

Bild 13: *Aufwuchs des behördlichen Führungssystems*

Wenn die ersten Hilfskräfte der Gefahrenabwehrbehörden (Feuerwehr, Rettungsdienst, Polizei) an der Einsatzstelle erscheinen, werden sie ebenfalls unabhängig voneinander mit der Hilfe beginnen. Es entsteht eine Vielzahl von Punktlagen. Wenn nun die ersten übergeordneten Führungskräfte erscheinen, müssen diese versuchen alle Entitäten, die bereits vor Ort Hilfe leisten, mit deren unterschiedlichen Führungssystemen zusammenzuführen – zu koordinieren (siehe Bild 14). Egal wie die einzelnen Entitäten organisiert sind – hierarchisch, anarchisch, flexibel, starr, gemischt, einheitlich etc.–, die Führungskräfte sollten die Entitäten in ihre Führung einbinden, ohne zu versuchen, deren Führungssystem zu ändern. Dies kostet nur Energie, Zeit und war in der Vergangenheit häufig von Misserfolg gezeichnet. Das Führungssystem wächst von unten nach oben auf. Gleichzeitig werden sich Führungsstäbe der Behörden (z. B. des Landkreises) zusammenfinden und ihre Arbeit aufnehmen. Wenn diese Stäbe beginnen, ein Führungssystem des »Katastrophenfalls« von oben nach unten zu etablieren, wird ihr Bemühen auf die natürlich aufwachsenden Führungssysteme stoßen. Beachten Sie dies nicht und versuchen Sie, ein spezifisches Führungssystem top-down ohne Berücksichtigung des entgegengesetzten Wachsens durchzusetzen, wird es an den Schnittstellen zu Brüchen und Reibungsverlusten kommen, die die gesamte Krisenbewältigung stark beeinträchtigen, wenn nicht gar unmöglich machen können.

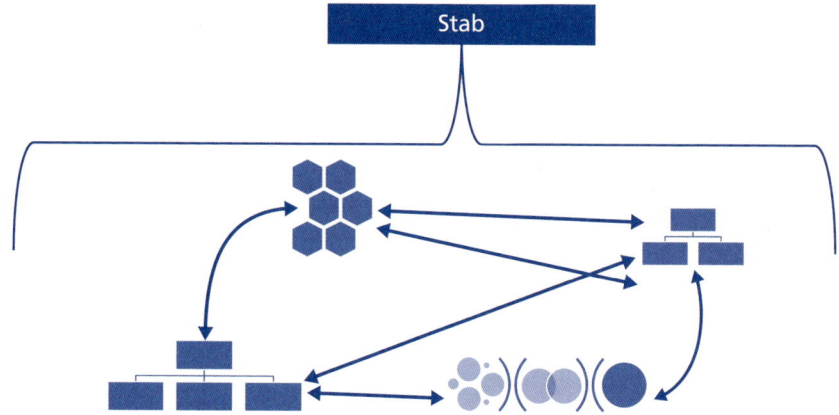

Bild 14: *Zusammenfügen verschiedener »Punktlagen-Führungssysteme« zu einem »Flächenlagen-Führungssystem«*

Tipp:
Das Führungssystem ist so einfach wie möglich aufzubauen – aber nicht einfacher.

Der Übergang von einer Führungsphase zu einer nächsten benötigt Zeit und bindet Führungsressourcen. Das entstehende Führungsgremium muss als erstes arbeitsfähig werden. Dann muss es von den bereits Agierenden Lageinformationen erhalten. Aufgaben sind ggf. neu zu verteilen und Hilfskräfte müssen umstrukturiert werden. Gerade bei Schockereignisse (z. B. Flutkatastrophen) kann immer wieder festgestellt werden, dass nicht ausreichend Zeit für die Implementierung eines »lehrbuchmäßigen« Führungssystems besteht, bzw. nicht ausreichend Personal dafür zur Verfügung steht. Die Folge davon ist, dass das Führungssystem unvollendet und ein Stück weit chaotisch bleibt.

Achtung:
Der Aufbau eines Führungssystem verschlingt zeitliche und personelle Ressourcen.

5.1 Führung im Chaos

Es ist auch darauf zu achten, dass das Führungssystem mit so wenig Personalressourcen wie möglich aufgebaut wird. Wie für jeden Stab gilt auch für das Gesamtführungssystem, dass es so umfangreich wie notwendig, aber so gering wie möglich aufgebaut werden sollte. Jede »überflüssige« Person im Führungssystem bedeutet eine Vergeudung von Ressourcen, da sie nicht als Helfer:in vor Ort zur Verfügung steht. Der Ressourcenbedarf kann gesenkt werden und die Reibungsverluste minimiert werden, wenn collaborative bzw. edge Systeme eingeführt werden (siehe Kapitel 3).

Chaotische Situationen zeichnen sich durch große Turbulenzen aus, klare Ursache-Wirkung-Beziehungen sind nicht erkennbar, ein Ansatzpunkt für das Finden der richtigen Antwort ist nicht vorhanden und viele Entscheidungen sind unter Zeitnot und hohem psychologischen Druck zu treffen. In dieser ohnehin schon stressigen Situation beginnen die ersten Spontanhelfenden Hilfe vor Ort zu leisten. Ihre Anzahl kann schnell das Maximum erreichen und dann eine Zeit lang stabil bleiben, bevor sie (allmählich?) abnimmt.

Achtung:
Durch Führungsfehler kann es dazu kommen, dass die Chaosphase nicht verlassen werden kann.

Ziel in der Chaosphase muss es sein, dass die Gefahrenabwehrbehörden die Einsatzkräfte sowohl der BOS wie auch die Spontanhelfenden unter »Kontrolle« bekommen. Mit anderen Worten, die Gefahrenabwehrbehörden haben ein Führungssystem zu etablieren, das möglichst von allen akzeptiert wird und dem sich möglichst alle anschließen. Entscheidend dabei ist, dass gerade die BOS-fremden erkennen, dass die Gefahrenabwehrbehörden, bereits tätig werden.

Tipp:
Eine entsprechende Vorbereitung erhöht die Wahrscheinlichkeit, die Chaosphase erfolgreich zu überwinden.

Die Gefahrenbehörden müssen sichtbar werden und nicht nur die Fäden im Hintergrund ziehen. Andernfalls bauen Betroffene, Spontanhelfende und Unternehmen eigene Führungssysteme parallel zu den behördlichen auf. Dies führt zu Reibungsverlusten, Abstimmungsproblemen und unnötigen Doppelstrukturen. In der Nähe der Einsatzorte sollte eine »Kontaktstelle« eingerichtet werden, die leicht von jedermann gefunden und als solche erkannt werden kann. Feuerwehrgeräte-

5 Führung bei der Einbindung von Spontanhelfenden

häuser, Bürgerzentren, Schulen, Gemeindezentren der Kirchen und ähnliche Bauten bieten sich hierfür an. Die Nutzung sollte planerisch vorbereitet werden. Zur Vorbereitung gehört neben Ausstattungen auch das Publikmachen dazu, damit in einem Krisenfall zumindest die einheimischen Spontanhelfenden und Unternehmen wissen, wo die Koordinierung der Hilfsmaßnahmen stattfindet. Dazu kann u. a. auch ein »Runder Tisch Resilienz« (siehe Kapitel 12.3) sehr gut genutzt werden. Im Mittelpunkt der Aktivitäten für die Gefahrenabwehrbehörden in der Chaosphase steht, zu zeigen, dass sie aktiv sind und versuchen, die Lage in den Griff zu bekommen, das Chaos zu strukturieren und erste Hilfsmaßnahmen zu starten. Bei letzteren ist zu beachten, dass es in der Regel besser ist, erstmal Maßnahmen zu initiieren, die ausreichend sind. Die guten bis sehr guten Optionen können dann im Laufe des Einsatzes gefunden, geplant und angeordnet werden. Bevor viele Ressourcen in Bereitstellungsräumen herumstehen, bis Prioritäten aufgrund von Lagemeldungen von vor Ort festgelegt werden können, sollten sie einfach gleichmäßig auf die unterschiedlichen Einsatzbereiche verteilt werden. Die Gefahrenabwehrbehörden müssen öffentlich sichtbar agieren: Anordnungen/Befehle aussprechen, Verhaltenshinweise publizieren usw. Sie müssen die Zügel fest in die Hand nehmen. Dazu haben sie schnell, klar und direkt zu kommunizieren (siehe Kapitel 7.2). Schnelle, unreflektierte Entscheidungen, die die Situation für die Betroffenen verbessert oder zumindest nicht verschlechtert, sind angezeigt. Um derart schnell entscheiden zu können, muss die Führungskraft auf Erfahrungen zurückgreifen. Sie entscheidet aus dem Bauch heraus. Da Krisen eher selten auftreten, ist das Erfahrungswissen entsprechend gering, wodurch die Gefahr von Fehlentscheidungen entsprechend hoch ist. Deshalb muss die Chaosphase möglichst schnell verlassen werden. Die entsprechenden Führungsstrukturen von Einsatzabschnittsleitungen bis zu den kommunalen Stäben sind zu etablieren. Und diese haben sukzessive die Leitung, die Koordinierung zu übernehmen. Wer diese Führungsstrukturen aufbaut und letztendlich leitet, ist zweitrangig. So können Teile der Führungsstruktur durchaus an Verwaltungshelfer:innen (z. B. Spontanhelfende) übertragen werden. Nur eine Funktion und eine Aufgabe ist gesetzlich klar festgelegt: die der politisch gesamtverantwortlichen Führungskraft und der gesamtverantwortlichen operativ-taktischen und administrativ-organisatorischen obersten Einsatzleitung. Letztere kann nicht delegiert werden. Sie kann nur von übergeordneten Aufsichtsbehörden übernommen werden. Je nach Situation sind die Landrät:innen, Oberbürgermeister:innen oder wenn kein Katastrophenfall erklärt wurde, die Bürgermeister:innen letztendlich für die Gefahrenabwehr verantwortlich.

5.1 Führung im Chaos

Merke:
Mit entsprechender Erfahrung kann auch die Chaosphase gut überstanden werden.

Neben der Etablierung von Vorbereitungsmaßnahmen sind die Voraussetzungen für ein chaotische Situation so zu verändern, dass ein strukturiertes Leiten und Koordinieren möglich werden. Folgende Techniken können zusätzlich zur Informationsgewinnung hilfreich sein:

Komplexitätsreduzierung (den Wald und nicht die Bäume sehen)
Dies ist heutzutage aufgrund des Informationsoverflow schwieriger als noch vor einigen Jahren. Die Reduzierung der Flut an Informationen von im Einsatz befindlichen BOS kann durch eine entsprechende Ausbildung und regelmäßiges Training erreicht werden. Formalisierte, adressatengerechte Meldungen reduzieren die Datenflut erheblich. Die Flut aus den Social Media kann mittels speziell geschulter Personen (z. B. die der Virtual Operations Support Teams) beherrscht werden.

Modellbildung (»Das ist ein klassischer Wohnungsbrand«)
Alle aufgenommenen Informationen werden in unserem Gehirn mit unseren Erfahrungen verglichen. Wählt man bewusst ein Standardmodell heraus, können Standardeinsatzregeln verwandt werden. Dabei ist auf zwei Sachen zu achten: Nutzen alle das gleiche Modell und beschreibt das Modell wirklich die Realität? Ersteres wird durch Kommunikation erreicht, zweites muss ständig überprüft werden.

Ausführen von Maßnahmen, die fast immer durchzuführen sind (»Einsatz mit Bereitstellung«)
Dazu gehören die oben genannten Maßnahmen: Sichtbarwerden, Einrichtung von öffentlich wirksamen Befehlsstellen und Gleichverteilung von Rettungsressourcen sowie das Einberufen der Stäbe, die Inbetriebnahme des Bürger-Telefons usw.

Abstraktion (Nicht ins Mitleid verfallen)
Durch die Abstraktion der Situation kann die eigene Betroffenheit und damit der Stress gemindert werden. Im besten Fall gelingt es, die Situation so zu abstrahieren, dass sie einer gemeisterten Krise bzw. Übung entspricht.

5 Führung bei der Einbindung von Spontanhelfenden

Reduzierung der zu treffenden Entscheidungen (Führen mit Auftrag)
Jede Führungsebene hat sich auf ihre Aufgaben zu konzentrieren und nicht ins Mikromanagement zu verfallen. Die Gefahr ist aber gerade unter Stress besonders groß, da die meisten Führungskräfte über viel Erfahrung im Führen auf unteren Ebenen verfügen, aber relativ wenig im Führen auf höheren Ebenen oder in der Zusammenarbeit mit Spontanhelfenden.

5.2 Unterstellung von Einsatzkräften in den Phasen des Operational Design und des Operational Management

Grundsätzlich kann die erste Einsatzphase einer Krise/Katastrophe, bei der mit einer großen Anzahl von Spontanhelfenden gerechnet werden kann, wie in Bild 15 beschrieben werden.

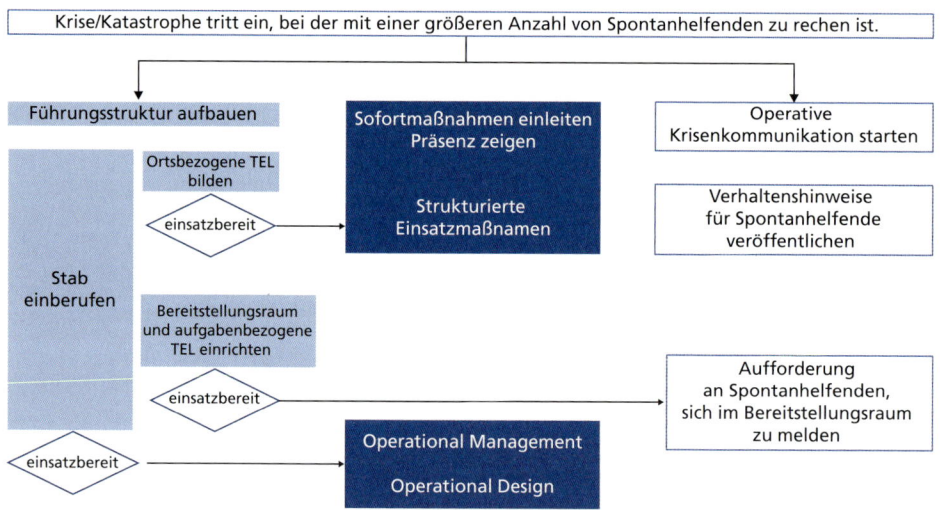

Bild 15: *Grundsätzlicher Einsatzablauf*

5.2 Unterstellung von Einsatzkräften

Tipp:
Um Spontanhelfende effektiv und effizient einzubinden, müssen die Gefahrenabwehrbehörden die Zeit adäquat ordnen.

Unmittelbar nach Eintritt der Krise/Katastrophe werden die zuständigen Gefahrenabwehrbehörden mit der Einleitung von Sofortmaßnahmen beginnen. Gleichzeitig zeigen sie Präsenz und kommunizieren dadurch, dass sich die staatlichen Behörden um die Krisenbewältigung bemühen. Daneben müssen sie eine Führungsstruktur aufbauen (siehe Bild 15) und mit der operativen Krisenkommunikation beginnen. Bevor noch eine Führungsstruktur steht, sind Verhaltenshinweise – besonders Schutzmaßnahmen gegenüber Risiken – über alle Kommunikationskanäle zu veröffentlichen.

Entsprechend der FwDV/DV 100 können Einsatzabschnitte sowohl nach Aufgaben wie nach geografischen Gesichtspunkten gebildet werden. Bei großen Einsätzen (z. B. Flutkatastrophen) wird eine große Anzahl von Einsatzkräften (Einheiten der BOS, Spontanhelfende, privatwirtschaftlichen Unternehmen etc.) in den Einsatz gebracht. Es empfiehlt sich daher, nach der ersten Akutphase die Einsatzkräfte erst einmal in Bereitstellungsräume zu sammeln. Dabei sollten im Bereitstellungsraum aufgabenbezogene Einsatzabschnitte gebildet werden, z. B. Bergung, Trinkwasserversorgung, Aufklärung etc. (siehe Bild 16). Dies ist durch die operative Krisenkommunikation bekanntzugeben (siehe Kapitel 7.2). Alle Einsatzkräfte werden aufgefordert, sich in den entsprechenden Bereitstellungsräumen zu begeben. Dort melden sie sich in Einsatzabschnitten, in denen sie nach eigener Ansicht am besten eingesetzt werden können und lassen sich dort registrieren. Ggf. muss die Führung des Bereitstellungsraumes ausgleichende Maßnahmen treffen. Dieses Verfahren ist in der internationalen Katastrophenhilfe üblich (vgl. Kapitel »UN OCHA Cluster System«).

Tipp:
Der Raum ist in den Bereitstellungsräumen aufgabenbezogen und für die Gefahrenabwehr ortsbezogen zu strukturieren.

Die einzelnen Einsatzabschnittsleitungen erfassen die Fähigkeiten der vor Ort befindlichen Einsatzkräfte und melden diese zu Beginn der Phase Operational Design dem Stab (siehe Bild 17). Zur gleichen Zeit liefern die ortsbezogenen TEL der Gefahrenabwehr ihre Schadenmeldungen an den Stab. Letzterer legt in der Phase Operational Design aufgrund der Grobplanung für die nächste taktische Einsatzperiode die Fähigkeiten fest, die den einzelnen ortsbezogenen TEL in der nächsten Einsatzphase zugeordnet werden. Die TEL in den Breitstellungsräumen stellen diese Fähigkeiten zusammen und unterstellen diese dann den ortsbezogenen TEL (siehe Bild 18). Letztere führen die Einsatzkräfte in ihrem Verantwortungsbereich. Am Ende der Arbeitsschicht werden diese wieder in die Bereitstellungsräume beordert und den dortigen TEL unterstellt. Die aufgabenbezogenen Einsatzabschnittsleitungen bewerten nun den Einsatzwert der Einsatzkräfte neu und meldet dies mit etwaigen neuen Einsatzkräften dem Stab, der nun vom neuen in die Phase Operational Design einsteigt.

Achtung:
Werden Spontanhelfende nicht von den Gefahrenabwehrbehörden entsprechend »empfangen«, bauen sie Parallelstrukturen auf. Diese erzeugen Friktionen bei der Krisen- bzw. Katastrophenbewältigung, welche wiederum die Verbesserung der Situation für die Betroffenen behindern.

Während die Einsatzkräfte vor Ort tätig sind, übernimmt im Stab das Team Operational Management die Aufgabe, kurzfristig zu veranlassende Maßnahmen umzusetzen.

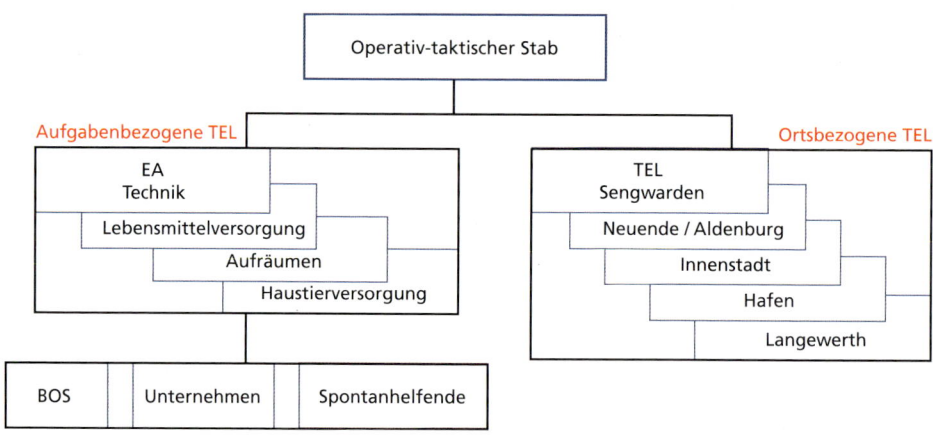

Bild 16: *Unterstellen der Einsatzkräfte unter die Aufgabenbezogene Einsatzabschnitte der Bereitstellungsräume*

5.2 Unterstellung von Einsatzkräften

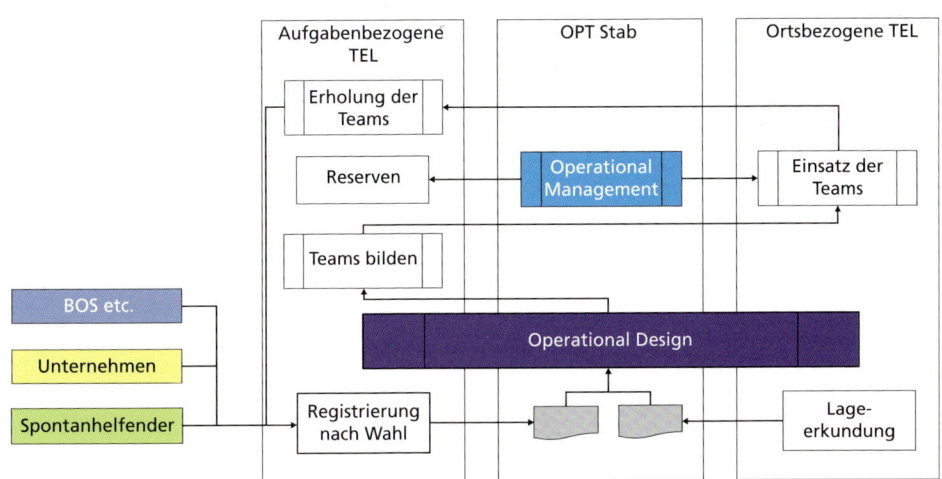

Bild 17: *Personalplanung während eines großen Einsatzes*

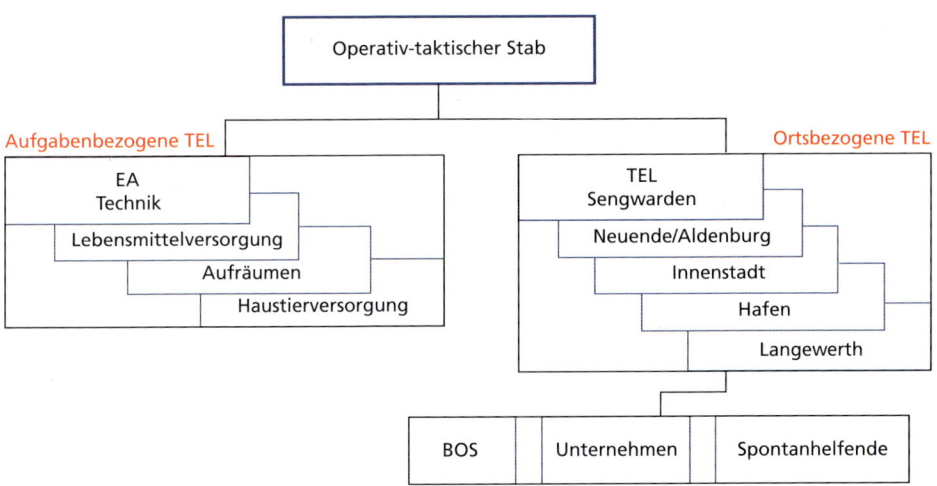

Bild 18: *Unterstellung der Einsatzkräfte unter den einzelnen Ortsbezogenen TEL der Gefahrenabwehr*

5 Führung bei der Einbindung von Spontanhelfenden

5.3 Aufnahme von Spontanhelfenden in die aufgabenbezogenen Einsatzabschnitte des Bereitstellungsraumes

Am Eingang des Bereitstellungsraums sollte ein Einweisungszentrum installiert werden. Dort ist allen ankommenden Einsatzkräften (BOS, Spontanhelfende etc.) ein Lageplan des Bereitstellungsraumes mit mindestens folgenden Informationen auszuhändigen:

- Position der verschiedenen aufgabenbezogenen Einsatzabschnittsleitungen zur Registrierung (siehe Infokasten),
- Position der Versorgungsmöglichkeiten und Sanitäranlagen,
- Ersthilfe und PSNV-Einrichtungen,
- Informationspunkt.

Registrierungsdaten:

Daten, die aus Fürsorgepflicht und für eine spätere Bearbeitung von Ansprüchen der Spontanhelfenden erfasst werden und vier Jahre zum Kalenderende des Ereignisjahres gespeichert werden sollten:
- Name
- Spätere Erreichbarkeit
- Genauer Einsatzort
- Einsatzbeginn
- Einsatzende
- Unterbringungsort und -dauer

Um die Spontanhelfenden während der Bewältigungsphase besser disponieren zu können (diese Daten sind nach Einsatzende zu vernichten):
- Fähigkeiten und Kompetenzen
- zeitliche und örtliche Verfügbarkeit
- Notfallkontakt
- Impfstatus

Zusätzlich sollten schon hier den Neuankommenden wichtige schriftliche Informationen ausgehändigt werden (siehe Infokasten).

Themen, der Unterweisung von Spontanhelfenden:
- Gefahrenbereiche
- Gefährdungen, Verhaltensweisen, Schutzmaßnahmen

5.3 Aufnahme von Spontanhelfenden

- Abmelden bei Verlassen der Einsatzstelle
- Hygiene-Regeln
- Keine Fotos, keine Informationen von der Einsatzstelle nach außen tragen
- Pausen, Ruhezeiten
- Verhalten im Notfall
- u. a. Flucht- und Rettungswege
- Rückzugsort
- Möglichkeit zur Nachbesprechung (PSNV)

Nach dieser ersten Einweisung begeben sich die Einsatzkräfte zu den Einsatzabschnittsleitungen der Aufgabe, die sie wahrnehmen wollen. Dort werden sie registriert und ihre Fähigkeiten für die Einsatzplanung aufgenommen. In der Regel sollten die Einsatzkräfte erst mit Beginn der nächsten Einsatzperiode (meistens am nächsten Morgen) den ortsbezogenen TEL unterstellt werden. Nur bei Notfällen ist ein Soforteinsatz angezeigt. Die Zeit bis zum Einsatz haben die neu angekommenen Einsatzkräfte (der BOS und Spontanhelfende) zu nutzen:

- Vertraut machen mit
    - den geografischen Bedingungen des Einsatzgebietes,
    - mit den Gefahren des Einsatzgebietes,
    - mit Kommunikationswegen,
    - mit Notsignalen und Fluchtwegen,
    - mit der Einsatzstrategie,
- Erholung, Herstellung der vollen Einsatzbereitschaft sowie
- untereinander Kennenlernen und Netzwerken.

Tipp:
Spontanhelfende sind durch die Gefahrenabwehrbehörden im Schadengebiet aufzunehmen, einzuweisen und zu betreuen.

Bis auf Reserven zur Eigensicherung sollten grundsätzlich keine Einsatzkräfte (ob BOS oder Spontanhelfende) untätig in den Bereitstellungsräumen zurückgehalten werden. Ist der Stab aufgrund mangelnder Informationen nicht in der Lage, die Einsatzkräfte entsprechend einer Priorisierung einzusetzen, so sollten sie gleichverteilt im Einsatzgebiet zum Einsatz gebracht werden.

5 Führung bei der Einbindung von Spontanhelfenden

5.4 Aufgabenzuweisung in Stäben

Je nach Bundesland arbeiten die administrativ-organisatorische und die operativ-taktische Komponente des Katastrophenschutzstabes in einem (Gesamt-)Stab oder in zwei Gremien (Verwaltungsstab und Führungsstab) (siehe Bild 7). Die Arbeitsweisen der beiden Komponenten unterscheiden sich, wobei im Gesamtstab in der Regel die operativ-taktische angewendet wird. Die administrativ-organisatorische Komponente arbeitet weitgehend wie die Alltagsorganisation der Behördenverwaltung. Die ständigen und die ereignisbezogenen Mitglieder des Stabes vertreten die Behörden und Organisationen, von denen sie entsandt wurden. Ähnlich einem Arbeitsmeeting werden die anstehenden Aufgaben im Stab diskutiert und Aufgaben für die einzelnen Personen erarbeitet. Dabei kann es vorkommen, dass Aufgaben durch mehrere Stabsbereiche bearbeiten werden müssen. Eine entsprechende Absprache ist dann unabdingbar. Die Stabsarbeit wird der Krise/Katastrophe angepasst.

Achtung:
Nur allein durch Berufen eines Fachberaters/einer Fachberaterin in die Stäbe werden Spontanhelfende bei großen Schadenlagen nicht in die behördliche Gefahrenabwehr eingebunden werden können.

In der operativ-taktischen Komponente wird die Krise/Katastrophe der Stabsarbeit angepasst. Die S-Funktionen haben festgelegte Aufgaben. Aufgabenüberschneidungen sind ausgeschlossen. Jede Aufgabe wird in Teilaufgaben aufgeteilt, die jeweils separat von einer S-Funktion wahrgenommen werden. Um das notwendige Spezialwissen den S-Funktionen zur Verfügung zu stellen, werden Fachberater:innen in den Stab berufen. Diese Fachberater:innen (z. B. von der Feuerwehr, den Hilfsorganisationen oder dem THW) stehen allen S-Funktionen zur Verfügung. Sie sind nicht die Verbindungspersonen zu ihren Organisationen und deren Einsatzleitung. Verbindungspersonen sind Vertreter:innen ihrer Behörde bzw. Organisationen im Stab. Sie unterstehen nicht dem Stab, sondern sind Auge, Ohren und Mund der Führungskraft der entsendenden Stelle.

5.5 Stabsfunktionen und Spontanhelfende

Mit dem Aufkommen von Spontanhelfenden und der Verbreitung der Social Media wurde in Deutschland diskutiert, wer sich in der behördlichen Gefahrenabwehrstruktur mit diesen Phänomen beschäftigen sollte: der Führungs- oder der Verwaltungsstab und in den Stäben welche Funktion? So wurde (bzw. wird) vielfach gefordert, eine:n Fachberater:in »Social Media« und einen »Spontanhelfenden« zu etablieren. Auch wird vorgeschlagen, die Spontanhelfenden mittels einer sogenannten Mittlerorganisation an die behördliche Gefahrenabwehr anzubinden (siehe Kapitel 12.2). Diese Ideen fanden u. a. Eingang in die internationale Normung (siehe Kapitel 10). Die Erfahrungen aus den Einsätzen zeigen allerdings, dass diese Ansätze zu kurz greifen. Um effektiv und effizient alle Akteur:inne in die Krisenbewältigung einzubringen, muss sich jede Stabsfunktion in den beiden Stäben mit Spontanhelfenden beschäftigen und die Möglichkeiten und Grenzen der Kommunikation mittels Social Media kennen (siehe Bild 19).

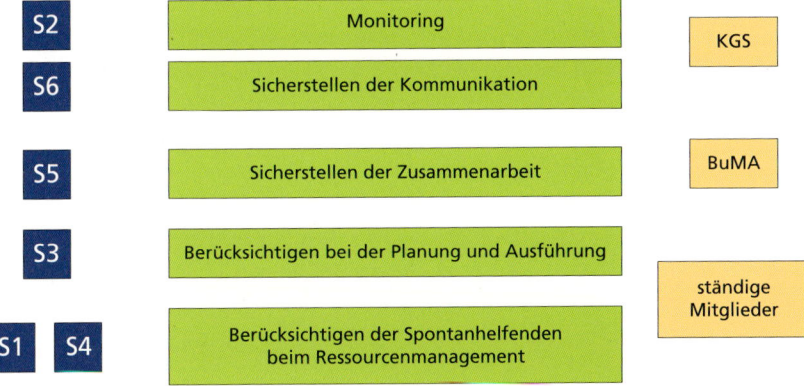

Bild 19: *Aufgabenverteilung in Stäben bezüglich Spontanhelfenden*

Tipp:
Alle S-Funktionen und alle ständigen Mitglieder des Stabes (SMS) sind in die Einbindung von Spontanhelfenden zu schulen.

5 Führung bei der Einbindung von Spontanhelfenden

Einsatzleiter:in
Die Hauptaufgaben des Einsatzleiters oder der Einsatzleiterin ist es, die Spontanhelfenden zu motivieren, mit den Gefahrenabwehrbehörden zu kooperieren. Dazu muss Vertrauen bei den Spontanhelfenden aufgebaut und dieses auch erhalten werden. Neben einer entsprechenden internen, wie externen Krisenkommunikation sollten Einsatzleiter:innen immer wieder Spontanhelfende und eigene Einsatzkräfte besuchen und die Wichtigkeit einer engen Kooperation betonen.

5.5.1 Führungsstab (nach FwDV/DV 100)

Leiter:in
Die Leitung des Stabes hat darauf zu achten, dass das Potenzial der Spontanhelfenden in allen Sachgebieten entsprechend berücksichtigt wird.

S1 – Personal/Innerer Dienst
Der Bereich S1 muss entscheiden, welche vom Bereich S3 geplante Aufgaben durch vor Ort verfügbare bzw. im Zulauf befindlichen Kräfte der BOS und der Spontanhelfenden übernommen werden können. Sollten einige Fähigkeiten nicht abgedeckt werden können, sind entsprechend Einsatzkräfte »zu alarmieren«. Dies kann sowohl durch die Anforderung von überörtlichen BOS erfolgen oder durch einen Aufruf an bisher noch unentschlossene Spontanhelfende.

Gerade die Prognose bezüglich der Fähigkeiten von Spontanhelfenden, deren Zulauf wie auch der weiteren Aktivierungsmöglichkeiten sind schwer einzuschätzen. Hierzu bedarf es entsprechender Erfahrungen aus früheren Lagen und ein entsprechendes Gefühl für die Stimmung in der Bevölkerung.

S2 – Lage
Der Bereich S2 hat die Aktivitäten der Spontanhelfenden zu monitoren und ins allgemeine Lagebild aufzunehmen. Dabei hat er sowohl diejenigen zu beobachten, die sich einer BOS angliedern, mit den Gefahrenabwehrbehörden kooperieren oder auch vollkommen unabhängig agieren. Neben der Erfassung des Istzustandes ist auch das weitere Verhalten der Spontanhelfenden zu prognostizieren. Wie lange werden die Spontanhelfenden Hilfe leisten? Wie viele Spontanhelfende befinden sich im Zulauf? Wie viele Spontanhelfende werden sich noch zur Hilfe entschließen? Auch für diese Prognosen bedarf es entsprechende Erfahrungen und Gespür für die Stimmung in der Gesellschaft.

5.5 Stabsfunktionen und Spontanhelfende

S3 – Einsatz
Der S3 muss die Fähigkeiten der Spontanhelfenden in der Planung der Handlungsoptionen berücksichtigen. Gleichzeitig muss aber auch berücksichtigt werden, ob und wenn ja wie Spontanhelfende die behördliche Gefahrenabwehr behindern werden. Besonders ist zu beachten, ob sich Spontanhelfende u. U. selbst gefährden und ggf. gerettet werden müssen. Gerade hier muss die Risikoanalyse (5A-1B-1C-5E-V-W-Gefahrenmatrix, siehe Kapitel 8.4) entsprechend an den Stabsbereich S2 (für die akute Warnung) und S5 (für die Information der Spontanhelfenden) übermittelt werden.

S4 – Versorgung
Wie der S1-Bereich muss auch der Stabsbereich S4 entscheiden, welche Ressourcen durch Spontanhelfende erbracht werden können und welche noch durch nachrückende BOS-Einheiten erbracht oder beschafft werden müssen. Spontanhelfende verfügen oft über Ressourcen (z. B. durch die Organisation von Spenden), die den Gefahrenabwehrbehörden nicht ohne weiteres zur Verfügung stehen.

S5 – Presse- und Medienarbeit
Der Bereich S5 ist für die Kommunikation mit den Spontanhelfenden verantwortlich. Dabei ist zu beachten, dass diese sich von der allgemeinen Öffentlichkeitsarbeit unterscheidet. Ziel ist es nicht, die Spontanhelfenden allgemein zu informieren (wie etwa bei der Pressearbeit), sondern sie zu einem gewünschten Handeln zu animieren. Sprache und Häufigkeit der Interaktion müssen an die Spontanhelfenden angepasst werden. Aufgrund der Inhomogenität dieser Gruppe ist eine entsprechend differenzierte Kommunikation notwendig, um adressatengerecht zu kommunizieren.

Der Bereich S5 sollte sich auch bemühen, Ansprechpartner:innen bestimmter sozialer Gruppen (religiöser oder politischer Art, Sport- und Freizeitvereine etc.) bzw. Influenzer:innen zu finden und zur Unterstützung der eigenen operativer Krisenkommunikation zu motivieren.

S6 – Informations- und Kommunikationswesen
Der Stabsbereich S6 muss die technischen Voraussetzungen schaffen, damit mit den Spontanhelfenden überhaupt kommuniziert werden kann. Als priorisierte Kommunikationskanäle sind die Social Media anzusehen, die derzeit »in« sind. Dazu müssen schon vor der Krise die Social Media entsprechend beobachtet werden. Der S6 muss dann technisch sicherstellen, dass aus dem Stab heraus diese Kanäle auch genutzt werden können. Dies kann aufgrund von behördlichen IT-Sicherheits- und Datenschutzbeschränkungen einige Herausforderungen heraufbeschwören. Noch

schwieriger wird allerdings die Situation, wenn die Kommunikation mittels Internet und Mobiltelefon ausfällt. In solchen Fällen muss u. U. auf Boten und Wandzeitungen zurückgegriffen werden.

5.5.2 Verwaltungsstab (VwS)

Leiter:in
Die Leitung des Stabes hat darauf zu achten, dass das Potenzial der Spontanhelfenden von allen Stabsmitgliedern entsprechend berücksichtigt wird.

Ständige Mitglieder des Stabes (SMS) und ereignisspezifische Mitglieder des Stabes (EMS)
Die ständigen und die ereignisbezogenen Mitglieder des Verwaltungsstabes haben die Fähigkeiten und Ressourcen der Spontanhelfenden bei der Planung der Handlungsoptionen zu berücksichtigen. Sie stehen dabei vor den gleichen Herausforderungen wie die Stabsbereiche S1, S3 und S4 des Führungsstabes.

zuständigen Person für die Bevölkerungsinformation und Medienarbeit (BuMA)
Mitarbeiter:innen des Bereiches BuMA sind wie der Bereich S5 des Führungsstabes für die Kommunikation mit den Spontanhelfenden verantwortlich. Laut den »Hinweisen zur Bildung von Stäben der administrativ – organisatorischen Komponente« untersteht im Zweistabsmodell der Bereich S5 des Führungsstabes dem Bereich BuMA. Daraus folgt, dass sich deren Aktivitäten an die kurzfristige Entscheidungszyklen des Führungsstabes anpassen muss.

Koordinierungsgruppe des Stabes (KGS)
Die KGS hat die Aktivitäten der Spontanhelfenden zu monitoren (entsprechend dem S2-Stabsbereich im Führungsstab) und die Kommunikationswege zu den Spontanhelfenden zu etablieren sowie aufrechtzuhalten (S5).

Wird das Zweistabsmodell genutzt, so sind einige Aufgaben (z. B. das Monitoren) von beiden Stäben wahrzunehmen. Um Ressourcen zu sparen, sollten solche Aufgaben gemeinsam wahrgenommen werden. So kann die Lageerkundung gemeinsam erfolgen. Die Darstellung der Lage ist dann allerdings adressatengerecht unterschiedlich zu erstellen.

5.6 Synchronisation der Stabsarbeit der verschiedenen Führungsebenen

Stabsarbeit wird im Wesentlichen vom Führungsvorgang bestimmt (siehe Kapitel 3.2). Gerade bei länger andauernden Katastrophen und Krisenlagen sollten die Führungsvorgänge zwischen den einzelnen Führungsebenen synchronisiert werden (siehe Bild 20). Lagemeldungen aus den unterstellten Führungsebenen sollten jeweils unmittelbar vor den Lagebesprechungen der übergeordneten Führungsebene abgegeben werden, damit diese aktuell durch den Bereich KGS bzw. S2 in die Lagedarstellung eingearbeitet werden können. Somit liegen dem Führungsgremium die aktuellen Informationen bei der Lagebesprechung vor. Umgekehrt sollte die Lagefeststellung der untergeordneten Führungsebenen direkt nach der Befehlsgebung der übergeordneten Ebene erfolgen, um diese zeitnah umsetzen zu können. Da der Führungsvorgang der unterstellten Ebenen kürzer ist als der der übergeordneten folgt daraus, dass die unterstellten Ebenen ein ganzzahliges Vielfaches an Führungsvorgängen der übergeordneten Ebene durchführen sollten.

Merke:
Eine wesentliche Aufgabe der obersten Führungsgremien ist die Ordnung der Zeit.

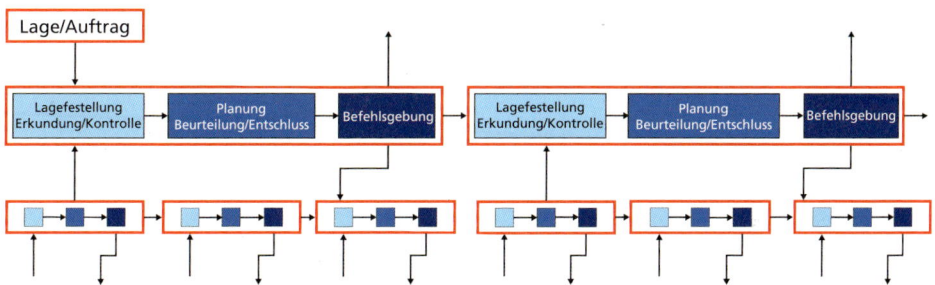

Bild 20: *Synchronisation der Führungsvorgänge der verschiedenen Führungsebenen*

So kann gewehrleistet werden, dass in den Führungsgremien möglichst viel Zeit zum Denken verwendet werden kann und die Mitarbeiter:innen nicht ständig durch neue Lagemeldungen bzw. Befehle den laufenden Führungsvorgang unterbrechen und neu in die Lagefeststellung eintreten müssen. Bei untrainierten Führungsgremien kann es ansonsten dazu kommen, dass der Status »Entschluss« nie erreicht wird und die gesamte Zeit für Lageerfassung und Planung aufgebraucht wird.

Selbstverständlich muss diese Regel missachtet werden, wenn akute Informationen/Befehle (z. B. bei Gefahr für Menschenleben) übermittelt werden müssen.

Achtung:
Nichtsynchronisierte Führungsvorgänge in den verschiedenen Führungsbereichen erschweren die Entscheidungsfindung.

In hochdynamischen und komplexen Lagen kann der eben beschriebene Führungsvorgang über verschiedene Ebenen zu langsam sein. Besonders wenn die strategische Ebene nicht sicher ist, ob eine Handlungsoption überhaupt operativ vor Ort umsetzbar ist. Der gesamte Führungsvorgang kann erheblich beschleunigt werden, wenn er über die verschiedenen Ebenen vernetzt wird (siehe Bild 21). Die strategische[1] Ebene gibt bereits erste Überlegungen während der Grobplanung des Operational Designs (siehe Kapitel 5.2) an die taktischen Ebene weiter. Diese bezieht diese Überlegungen ihre Grobplanungen mit ein, beurteilt die Umsetzbarkeit und teilt dies der strategischen sowie der operativen Ebene mit. Letztere nutzt diese Informationen für ihre Planungen und teilt ihre Beurteilung wiederum der taktischen Ebene mit. Der Zeitgewinn in der Gesamteinsatzplanung wird u. U. durch notwendige Doppelplanungen der unterstellten Führungsebenen erkauft, wenn die übergeordneten Führungsebenen ihre Grobplanungen ändern. Dieser Nachteil wird aber teilweise dadurch kompensiert, dass ggf. später bereits Alternativplanungen vorliegen, falls der gewählte Plan nicht erfolgreich umgesetzt werden kann.

---

1 Die FwDV/DV 100 hat eine andere Begrifflichkeit eingeführt, die wie folgt übersetzt werden kann: strategisch: politisch gesamtverantwortliche Komponente; taktisch: administrativ-organisatorische und operativ-taktische Komponente; operativ: technisch-taktische Komponente.

5.6 Synchronisation der Stabsarbeit der verschiedenen Führungsebenen

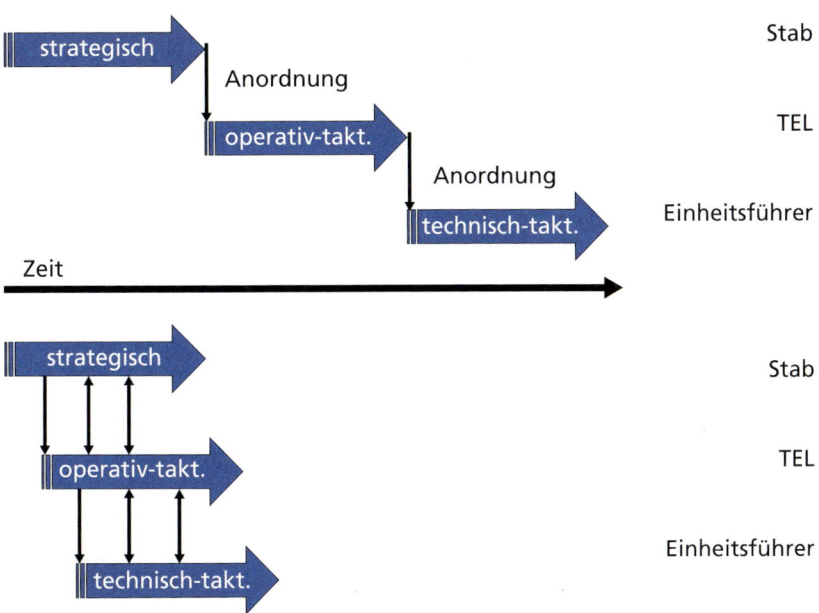

Bild 21: *Vernetzte Operationsführung der unterschiedlichen Führungsebenen*

Der Rhythmus der Entscheidungsfindung ist über alle Ebenen und besonders gegenüber den Spontanhelfenden zu kommunizieren. So wird jedem deutlich, dass Nachforderungen eine gewisse Zeit in Anspruch nehmen und nicht immer sofort erfüllt werden können. Unterteilt man die Reserven/Ressourcen in strategische, taktische und operative, indem man den verschiedenen Ebenen z. B. eigene Bereitstellungsräume zuweist, so kann die Nachforderungszeit deutlich verringert werden. Auch hier sollte ein Rhythmus etabliert werden. Zum Beispiel alle acht Stunden erfolgt ein Ausgleich, ein Nachfüllen der operativen Bereitstellungsräume, alle 24 Stunden die der taktischen und alle 72 Stunden die strategischen. Solange keine Prioritäten festgelegt werden können – z. B. weil Lageinformationen fehlen –, ist eine Gleichverteilung der Ressourcen grundsätzlich zielführend.

5 Führung bei der Einbindung von Spontanhelfenden

Takeaway:

Obwohl die Häufigkeit von Krisen seit der Jahrtausendwende signifikant steigt und ebenso die Notwendigkeit der Einbindung von Spontanhelfenden, trifft eine solche Krise den einzelnen Verantwortlichen der Gefahrenabwehrbehörden doch eher selten (bis nie). Aber eine Garantie, dass man in der Zeit, in der man in Verantwortung steht, nicht vor dieser Herausforderung stehen wird, kann niemand geben. Vogelstrauß-Politik ist hochriskant und wird immer riskanter. Eine entsprechende Vorbereitung durch Aus- und Fortbildung und regelmäßigem Training gehört zu den Pflichten der Gefahrenabwehrbehörden, um ein Organisationsverschulden auszuschließen.

In der Krise/während der Katastrophe sollten alle Hilfskräfte gleichbehandelt werden. Führungsvakua können verhindern werden, wenn ein dezentrales Führungssystem etabliert wird. Die Ordnung des Raumes sollte in den Bereitstellungsräumen grundsätzlich aufgabenbezogen erfolgen und bei der Schadenbewältigung ortsbezogen. Bei länger anhaltenden Krisen/Katastrophen ist die Krisenbewältigung in die Phasen Operational Design und Operational Management zu unterteilen.

Alle Angehörigen der Stäbe sollten sich für die Einbindung von Spontanhelfenden verantwortlich fühlen. Eine vollständige Übertragung auf einzelne Fachberater:innen ist nicht sinnvoll. Die Führungsvorgänge auf den unterschiedlichen Führungsebenen sind zu synchronisieren.

6 Führen mit Auftrag

Führen mit Auftrag ist die entscheidende Vorgehensweise, um in der heutigen Zeit, Krisen bewältigen zu können. Nur so werden die Gefahrenabwehrbehörden in der Lage sein, komplexe Krisen- bzw. Katastrophenlagen erfolgreich meistern zu können und Spontanhelfende effektiv und effizient in die behördliche Gefahrenabwehr einzubinden.

Achtung:
Mikromanagement ist das Gegenteil von Führen mit Auftrag und führt zu mangelhaften Leistungen der Führungsgremien und damit der gesamten Gefahrenabwehr.

Führen mit Auftrag bedeutet das Delegieren von Führung und das Fördern des selbständigen Handelns und Denken, wie Helmuth von Moltke d. Ä. feststellt. Er forderte: »Als Regel ist festzuhalten, dass die Disposition [Befehl] alles das, aber auch nur das enthalten muss, was der Untergebene zur Erreichung eines bestimmten Zweckes nicht selbständig bestimmen kann.«

In der FwDV/DV 100 ist unter Punkt 2.3.2 »Auftragstaktik[2] als Führungskonzeption« ausgeführt:

»Auftragstaktik ist eine Führungskonzeption, die den Einsatzkräften möglichst viel Freiraum bei der Auftragserfüllung lässt. Bei der Führungskraft und bei den Einsatzkräften wird daher ein hohes Maß an fachlichen Fähigkeiten und verantwortungsbewusster Selbständigkeit vorausgesetzt. Auftragstaktik erfordert gleichzeitig aber auch, dass die Einsatzkräfte ihrer Informationspflicht gegenüber den Führenden nachkommen. Der Auftrag kann sich bei Anwendung der Auftragstaktik auf eine eindeutige Formulierung des Ziels beschränken, wobei er verschiedene Wege zum Erreichen dieses Ziels offenlässt. Bei der Auftragsdurchführung besteht eine möglichst große Handlungsfreiheit und somit für die Einsatzkräfte auch die Möglichkeit, auf neue Erkenntnisse oder Ereignisse selbständig schnell und flexibel zu reagieren. Entscheidend ist das Erreichen des vorgegebenen Ziels.«

---

2 Ich bevorzuge die Bezeichnung »Führen mit Auftrag« anstatt den Begriff »Auftragstaktik«, da das Prinzip generell angewendet werden sollte und nicht nur auf der taktischen Führungsebene.

6 Führen mit Auftrag

Um Spontanhelfende in die behördliche Gefahrenabwehr einbinden zu können, sollten die Führungsgremien (Stäbe, Technische Einsatzleitungen, Einsatzabschnittsleitungen etc.) den Spontanhelfenden gewisse Aufgaben übertragen[3]. Dabei sind folgende Punkte eindeutig zu benennen:

- das Ziel (Was ist zu erreichen?),
- die Leitlinien der Einsatzleitung (z. B. welche Randparameter sind einzuhalten?),
- das »große Bild«/die Gesamtsituation,
- Kommunikationswege (Wo bekommen die Spontanhelfenden weitere Informationen, Hilfe, Unterstützung etc.).

Entscheidend für die mittelfristige Einbindung der Spontanhelfenden ist, dass ihnen nur Aufgaben übertragen werden, die sie mit ihren Ressourcen auch meistern können. Andernfalls werden sie sich überfordert und nicht wertgeschätzt fühlen und das Vertrauen in die Gefahrenabwehrbehörden verlieren. Wenn sie daraufhin nicht die Einsatzstelle frustriert verlassen, werden sie ihre Hilfe unabhängig von den Gefahrenabwehrbehörden leisten, was zu Friktionen in der weiteren Krisenbewältigung führt.

Merke:
Führen mit Auftrag ist der Schlüssel zu einer erfolgreichen Krisenbewältigung!

Die Gefahrenabwehrbehörden müssen gegenüber den Spontanhelfenden ein Vertrauensvorschuss einbringen. Nur so können sie selbstständiges Handeln und Denken der Spontanhelfenden fördern. Durch das Geben dieses Vertrauensvorschusses erhalten die Führungskräfte der Gefahrenabwehrbehörden aber etwas wichtiges zurück: Sie werden von der Last befreit, sich um die Einzelheiten kümmern zu müssen und können sich auf das Wesentliche ihrer Aufgabe konzentrieren.

Tipp:
Nutzen Sie bereits in Nichtkrisensituation das Prinzip des Delegierens, dann fällt Ihnen dies auch in Krisensituationen nicht schwer.

---

3 Das Prinzip ist natürlich auch beim Führen von Einheiten der BOS anzuwenden, wie die FWDV/DV 100 eindeutig vorschreibt.

Die übertragende Selbständigkeit ist kein Wert an sich. Ihren Wert erhält sie erst in Bezug auf das Gesamteinsatzziel. Somit haben die Spontanhelfenden stets im Sinne der übergeordneten Führung zu handeln: das Leben für möglichst viele Betroffene zu verbessern – nicht nur für einige. Ergibt sich aber die Gelegenheit, das Ziel und die Absicht auf einen besseren Weg zu erreichen, muss diese Gelegenheit wahrgenommen werden, selbst wenn Aufgaben von Akteur:innen ohne spezielle Zuweisung erledigt werden sollten. Anpassungsfähigkeit, Beweglichkeit, Flexibilität und Eigeninitiative sind Grundanforderungen an alle Führungskräfte und somit auch an die Spontanhelfenden. Dies beinhaltet ein Höchstmaß an Eigenverantwortung. Die Spontanhelfenden müssen sich stets bewusst sein, dass der ihnen entgegengebrachte Vertrauensvorschuss jederzeit zu rechtfertigen ist. So müssen sie die Führungsebenen der behördlichen Gefahrenabwehr, mit denen sie direkt zusammenarbeiten, regelmäßig informieren.

Im Nachgang der letzten Krisen wurde vielfach konstatiert, dass die Führungskräfte der Gefahrenabwehrbehörden immer wieder zum Verwaltungsdenken und Absicherungsbefehlen neigen. Dies führte vielerorts dazu, dass Spontanhelfende das Heft selbst in die Hand nahmen und nicht mehr versuchten, ihre Hilfeleistungen mit den Gefahrenabwehrbehörden abzustimmen. Mangelndes Vertrauen in die Spontanhelfenden, in die Einheiten der BOS vor Ort und in die eigene Person sind Gründe für diese Absicherungsmentalität.

Der schleichende Verfall des Grundsatzes »Führen mit Auftrag« liegen u. a. in der Unausgewogenheit von Auftrag und Mittel, dem Missverhältnis von Verantwortung und Befugnissen, die zunehmende Zentralisierung, das Bestreben, alles zu perfektionieren und der Versuch, Fehler und Risiken möglichst auszuschalten.

Takeaway:
Spontanhelfende können mittels der FwDV/DV 100 in die behördliche Gefahrenabwehr eingebunden werden. Mit einer entsprechend der Krise angepassten strukturierten Abschnittsbildung (aufgabenbezogen in den Bereitstellungsräumen, ortsbezogen bei der Gefahrenbewältigung vor Ort) lassen sich Entitäten aller zehn Säulen einer resilienten Gesellschaft (siehe Bild 22) effektiv und effizient koordiniert einsetzen.

6 Führen mit Auftrag

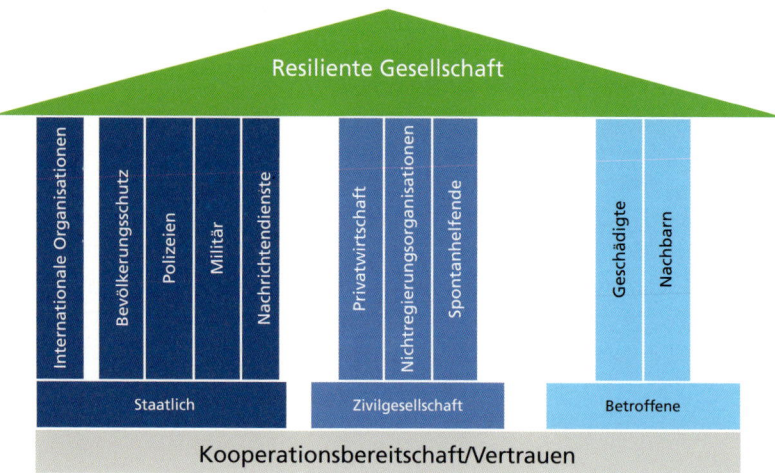

Bild 22: *Die zehn Säulen einer Resilienten Gesellschaft*

Durch eine adäquate Ordnung der Zeit (Trennung von Operational Design vom Operational Management und Synchronisation der Stabsarbeit auf den unterschiedlichen Führungsebenen) wird die Gefahrenabwehr strukturiert und optimiert. Da alle Stabsangehörigen der operativ-taktischen wie der administrativ-organisatorischen Komponente Spontanhelfende bei ihrer Aufgabenwahrnehmung berücksichtigen müssen, ist es sinnvoller alle entsprechend auszubilden und die »Aufgabe Spontanhelfende« nicht an einem Fachberater oder Mittlerorganisationen zu delegieren.

Die entscheidende Führungstechnik bei der Einbindung von Spontanhelfenden in die behördliche Gefahrenabwehr ist das Führen mit Auftrag. Dazu müssen die Behörden Vertrauen in die Spontanhelfenden besitzen. Dies kann schon im Vorfeld von Krisen durch einen »Runden Tisch Resilienz« im Zuständigkeitsbereich der entsprechenden Behörden aufgebaut werden. Neben den Kennenlernen sollten hier auch ein Verhaltenskodex (siehe Merkkasten) für die Mitarbeit in der Gefahrenabwehr für alle BOS und Spontanhelfenden entwickelt werden.

Verhaltenskodex für BOS und Spontanhelfende:

- Die Hilfe für die betroffenen Menschen steht an erster Stelle.
- Die Würde der Menschen ist zu achten. Betroffene werden nicht entmündigt.
- Die Hilfe wird ohne Ansehen des Alters, der Nationalität, des Glaubens etc. der Empfänger:innen und ohne jegliche nachteilige Unterscheidung geleistet. Die Prioritäten der Hilfe werden allein auf der Grundlage des Bedarfs festgelegt.
- Die Hilfe wird nicht zur Förderung eines bestimmten politischen oder religiösen Standpunkts eingesetzt.
- Wir helfen nicht der Hilfe wegen. Besteht kein Bedarf, verlassen wir das Schadengebiet umgehend.
- Alle, die diese Grundsätze einhalten, sind gern gesehen.
- Wir arbeiten mit allen Akteur:innen, die diese Grundsätze einhalten, vertrauensvoll zusammen.
- Wir bringen uns konstruktiv in die Gesamtkoordination des Einsatzes ein.
- Wir drängen uns nicht auf Kosten anderer in den Vordergrund.
- Wir sind sowohl gegenüber denjenigen, denen wir helfen wollen, als auch gegenüber denjenigen, von denen wir Mittel annehmen, rechenschaftspflichtig.

7 Einbindung von Spontanhelfenden mittels operativer Krisenkommunikation

Die operative Krisenkommunikation hat als vorrangigen Zweck, die Situation für die Betroffenen zu verbessern. Sie ist somit vorrangig ein Unterstützungselement für die operative Gefahrenabwehr. Die Information Unbeteiligter – falls es solche bei Großschadenlagen heute überhaupt noch gibt – tritt in den Hintergrund.

Werden Spontanhelfende in die behördliche Gefahrenabwehr eingebunden, so werden Teile der externen Krisenkommunikation zur internen. Da im Vorhinein nicht festgelegt werden kann, wann sich die Spontanhelfenden entscheiden, mit den Gefahrenabwehrbehörden zu kommunizieren, kann auch nicht festgelegt werden, wann dieser Wechsel zwischen externer und interner Krisenkommunikation stattfindet bzw. stattfinden sollte. Deshalb wird im Folgenden zwischen beiden auch nicht unterschieden.

> **Merke:**
> Eine wesentliche Aufgabe der operativen Krisenkommunikation ist die Unterstützung der operativen Maßnahmen.

Da die Kommunikation in den Social Media sehr schnell verläuft, muss auch die behördliche Krisenkommunikation entsprechend schnell reagieren, besser noch agieren. Deshalb müssen die Verantwortlichen und die Stäbe – hier besonders der Bereich S3 zusammen mit dem S5 bzw. die entsprechenden Bereiche im administrativ-organisatorischen Stab – schnell eine Krisenkommunikationsstrategie entwickeln.

Die Krisenkommunikation in den Social Media ist mit der der anderen eigenen Kanäle (Pressemitteilungen, Bürgertelefone etc.) und die der anderen Akteur:innen (z. B. Polizei) abzustimmen. Die Spontanhelfenden – wie die Betroffenen – unterscheiden nicht zwischen den einzelnen Behörden. Für sie gibt es nur den Staat. Deshalb darf es nicht zu Widersprüchen in den Aussagen der einzelnen staatlichen Akteur:innen kommen. Mittels einer entsprechenden Vorbereitung (Siehe Kapitel 12.3) sollte die Krisenkommunikation-Strategie auch im Vorfeld mit den wichtigen Akteur:innen der Zivilgesellschaft abgestimmt werden. Die Krisenkommunikation ist während der Krise ständig zu monitoren, um deren Ziele zu erreichen (siehe Bild 23).

7.1 Deutungshoheit gewinnen und behalten

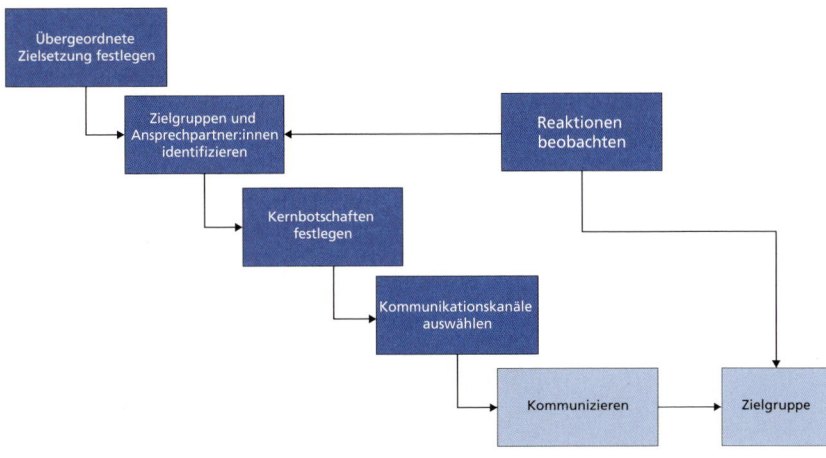

Bild 23: *Strategischer Krisenkommunikationsprozess*

Nach dem die politisch gesamtverantwortliche Person entschieden hat, dass Spontanhelfende in die behördliche Krisenbewältigung eingebunden werden sollen – was grundsätzlich zu empfehlen ist –, sind die Zielgruppen und etwaige Ansprechpartner:innen vom Bereich BuMA bzw. S5 zu identifizieren. Auch hier helfen die Kontakte, die bei einem »Runden Tisch Resilienz« geknüpft wurden. Die Kernbotschaften sind von BuMA/S5 mit dem Bereich S3 bzw. den Stabsmitgliedern der administrativ-organisatorischen Komponente abzustimmen. Abhängig von den anzusprechenden Zielgruppen sind die Kommunikationskanäle auszuwählen. Die Reaktion der Zielgruppen auf die eigene Krisenkommunikation ist ständig zu evaluieren und der eigene Kommunikationsprozess gegebenenfalls entsprechend anzupassen.

7.1 Deutungshoheit gewinnen und behalten

Die wichtigste Aufgabe der operativen Krisenkommunikation ist es, die Deutungshoheit über die Situation zu gewinnen und während der Bewältigungsphase auch zu behalten. Gelingt dies nicht, werden sich viele Menschen – darunter auch Spontanhelfende – nach einem anderen Deutungszentrum richten und sich nicht in die behördliche Gefahrenabwehr einbinden lassen.

Da schon unmittelbar nach Eintritt einer Krise erste Nachrichten in den Social Media veröffentlicht werden, müssen auch die Gefahrenabwehrbehörde im Vorhinein einen klaren Kommunikationsprozess etablieren und kommunizieren. Auch

7 Einbindung mittels operativer Krisenkommunikation

hierbei kann ein »Runder Tisch Resilienz« (siehe Kapitel 12.3) sehr nützlich sein. Mittels dieses Prozesses muss die Gefahrenabwehrbehörde in der Lage sein, schnell und angemessen zu kommunizieren. Dabei kann nicht auf eine umfangreiche Lageerkundung gewartet werden. Vielmehr sind die ersten Erkenntnisse zu kommunizieren und darauf hinzuweisen, dass weitere Einzelheiten so bald wie möglich, über diesen Kommunikationskanal veröffentlicht werden. Menschen, die erst einmal einen anderen Kommunikationskanal nutzen und Vertrauen in ihn aufbauen, sind nur sehr schwer zu den behördlichen Kanälen zurückzuführen. Die Behörden sollten häufig kurze Teilbereiche ihres Kenntnisstands veröffentlichen. Dies hat zwei Vorteile: Zum einen werden kurze Nachrichten in Stresssituation von Menschen besser aufgenommen als sehr umfangreiche und zum anderen verringert sich die Gefahr des Wechsels zu anderen Kommunikationskanälen während langer Kommunikationspausen. Die Krisenkommunikation muss transparent, offen und ehrlich sein. Intransparenz wie »Ein Teil dieser Antworten würde die Bevölkerung verunsichern« (Thomas de Maizière, 2015, Bundesinnenminister) treibt Menschen gerade in die Arme anderer Situationsdeuter. Die Gefahrenabwehrbehörden müssen versuchen, mittels harter Fakten den Fake News entgegenzutreten. Sollte es notwendig sein, muss auch eine Entschuldigung ausgesprochen werden.

Achtung:
Sobald ein anderer Akteur oder eine andere Akteurin als die zuständige Gefahrenabwehrbehörde die Deutungshoheit innehat, werden sich Parallelstrukturen zum Nachteil der Betroffenen ausbilden.

Wichtig ist, dass eine Kommunikationsstrategie entwickelt und dann angewendet wird. Kernbotschaften sind immer wieder zu vermitteln. Die folgenreichsten Informationen sind zuerst zu vermitteln und wann immer es angebracht ist, ist Empathie für die Situation der Betroffenen glaubhaft zu äußern.

Ein wesentlicher Aspekt bei aller Krisenkommunikation, um Spontanhelfende zu motivieren, ist, dass sich die Gefahrenabwehrbehörden nicht als »verstaubte Behörden« darstellen. Nach der Flutkatastrophe 2021 in Deutschland war vielfach der Vorwurf zu hören, die behördlichen Katastrophen- und Krisenstäbe würden die Katastrophe verwalten, anstatt den Menschen zu helfen. Solche Äußerungen motivieren Spontanhelfende sicherlich wenig, mit den Behörden zusammenzuarbeiten.

Unmittelbar mit dem Beginn der eigenen Krisenkommunikation sind die Social Media zu beobachten. Da Menschen in Krisensituationen erst einmal auf altbekannte Informationsquellen zurückgreifen, sind vor allem die bereits existierenden lokalen Plattformen zu beobachten. Schnell werden die dazu notwendigen Kapazitäten die

7.2 Einbindung von Spontanhelfenden durch Motivation

vorhandenen Ressourcen einer Gefahrenabwehrbehörde übersteigen. Deshalb ist bereits im Vorfeld ein Plan zu entwickeln, wie die Kapazitäten schnell erweitert werden können. Dies kann durch interkommunale Vereinbarungen erfolgen oder mittels abgesprochener Verfahren zur Amtshilfe durch sogenannte »Virtual Operations Support Teams« (VOST), wie es u. a. das THW bereithält. Diese Teams sind speziell für das Monitoren der Social Media aufgestellt und wurden entsprechend geschult.

7.2 Einbindung von Spontanhelfenden durch Motivation

Viele Spontanhelfende äußern immer wieder, dass sie sich behördlichen Stäben nicht unterstellen. Sie möchten vielmehr mit den Behörden auf Augenhöhe zusammenarbeiten. Nur sehr wenige lehnen eine Zusammenarbeit grundsätzlich ab (siehe Kapitel 4.1). Rechtlich ist dies problematisch. Für die Abwehr von Gefahren für die Bevölkerung im Allgemeinen und für den Katastrophenschutz im Speziellen sind die Kommunen verantwortlich und weisungsbefugt gegenüber allen Personen im Gebiet der Krise und der Katastrophe. Somit sind sie auch weisungsbefugt gegenüber allen Spontanhelfenden. Allerdings müssen die Behörden in jedem einzelnen Fall die Frage beantworten, ob die Durchsetzung dieses Weisungsrechts auch verhältnismäßig ist. Das letzte Mittel der Wahl, die Anwendung körperlicher Gewalt durch die Polizei in Amtshilfe für die Gefahrenabwehrbehörde, ist sicherlich nur bei einer akuten Gefährdung der Spontanhelfenden verhältnismäßig. Aber selbst unter dieser Schwelle bedeuten Diskussionen mit Spontanhelfenden oder eine nichtkoordinierte Hilfe immer eine Verschwendung von dringend anderweitig benötigten Ressourcen.

Merke:
Alle Akteur:inne der gesamtgesellschaftlichen Krisenbewältigung haben das gleiche Ziel: die Situation der Betroffenen zu verbessern.

Deshalb müssen die Gefahrenabwehrbehörden die Spontanhelfenden davon überzeugen, dass ein koordiniertes Vorgehen zum Erreichen der Ziele hilfreich ist. Dabei sollte das alte Marketingmotto »Der Köder muss dem Fisch schmecken und nicht dem Angler« im Hinterkopf der Verantwortlichen stets präsent sein. Das bedeutet, die Krisenkommunikation muss adressatengerecht, je nach Zielgruppe unterschiedlich erfolgen.

7 Einbindung mittels operativer Krisenkommunikation

Einige wesentliche Aspekte sind allerdings immer zu vermitteln:
- Oberstes Ziel aller Anstrengungen ist es, die Situation für die Betroffenen zu verbessern.
- Eine etwaige Zusammenarbeit wird nicht dazu genutzt, andere Ziele der Behörden zu verfolgen (z. B. Ermittlung von Schwarzarbeit).
- Alle Bemühungen fußen auf grundlegenden Werten (z. B. Menschenwürde).
- Die Arbeit aller (Betroffene, Nachbarn, Spontanhelfende, ehren- und hauptamtliche BOS-Kräfte, Bundeswehr, Unternehmen) wird gleich wertgeschätzt.
- Alle Akteur:inne werden – unabhängig von den rechtlichen Festlegungen – als gleichberechtigt angesehen (alle auf gleicher Augenhöhe).

Die Behörden können von den Spontanhelfenden nur eine gedeihliche Zusammenarbeit erwarten, wenn sie solch eine auch vorleben. Alle Vertreter:innen der Behörden – vom Hauptverwaltungsbeamten/von der Hauptverwaltungsbeamtin (HvB) bis zum Abschnittsleiter/zur Abschnittsleiterin vor Ort – müssen ein Vorbild für eine gesamtgesellschaftliche Gefahrenabwehr darstellen. Die entscheidende Aussage lautet: »Wir haben ein Problem, das nur wir gemeinsam lösen können!« Dieses Wir-Gefühl ist von den Verantwortlichen (aus Politik und Verwaltung) auf allen Ebenen entsprechend zu vermitteln. Die Oberbürgermeister:innen und Landrät:innen sowie die obersten Führungskräfte der BOS haben die einzelnen Akteur:inne zu besuchen, um dieses Wir-Gefühl zu erzeugen und aufrechtzuerhalten.

Zum Ende des Einsatzes – egal ob die Spontanhelfenden oder Unternehmen entlassen wurden oder sich selbst entlassen haben – gehört ein »Dankeschön« der Verantwortlichen dazu.

Takeaway:
Der operativen Krisenkommunikation kommt bei der Einbindung von Spontanhelfenden eine wichtige Rolle zu. Ziel jeder operativen Krisenkommunikation ist es, die Krisenbewältigungsmaßnahmen zu unterstützen. Ein Teilziel ist es deshalb, die Spontanhelfenden dazu zu motivieren, sich in die behördlichen Krisen-/Katastrophenbewältigungen zu integrieren. Dazu hat die Gefahrenabwehrbehörde die Deutungshoheit zu erringen und zu behalten. Im Laufe der Bewältigung hat sie die Gefahr von Spannungen zwischen den einzelnen zum Teil sehr unterschiedlichen Helfer:innengruppen durch die Verbreitung eines Verhaltenskodex für Hilfskräfte zu minimieren.

8 Rechtliche Grundlagen

Spontanhelfende können aus rechtlicher Sicht in drei Gruppen eingeteilt werden:
- Personen, die mit den Gefahrenabwehrbehörden zusammenarbeiten – ob freiwillig oder durch die Behörde herangezogen – gelten als Verwaltungshelfer.
- Personen, die es ablehnen, mit den Gefahrenabwehrbehörden zusammenzuarbeiten, die aber Aufgaben im Sinne dieser wahrnehmen, gelten (neutral) als Personen im Schadengebiet.
- Personen, die die Situation für Ziele ausnutzen, die nicht im Sinne der Gefahrenabwehrbehörden sind, gelten als Störer:innen.

Die rechtliche Bestimmungen für die ersten beiden sind inhaltlich nahezu gleich – sowohl für die Spontanhelfenden wie auch für die Behörden. Deshalb werden sie im Folgenden auch gemeinsam betrachtet. Für Störer:innen gilt eine vollkommen andere rechtliche Situation und die Behörden müssen entsprechend handeln. Diese Gruppe – die ich nicht als Spontanhelfende betrachten möchte – wird am Ende dieses Kapitels kurz behandelt.

Merke:
Es gibt keine Gesetzeslücke bei der Einbindung von Spontanhelfenden in die behördliche Gefahrenabwehr. Alle Fragen zum Einsatz von Spontanhelfenden sind geregelt (Erkens 2016). Die entsprechenden Gesetze müssen nur beachtet werden. Obwohl vielfach Ländergesetze zu beachten sind, sind diese doch so gleich, dass Aussagen für alle 16 Bundesländer getroffen werden können.

8.1 Verwaltungshelfer:innen

Verwaltungshelfer:innen sind natürliche oder juristische Personen, die nicht Teil der handelnden Behörde und keine Beliehenen sind, aber die im Auftrag der Behörde unterstützend handeln. Sie nehmen öffentlich-rechtliche Aufgaben wahr; sie sind Assistent:innen der Behörde. Sie werden der Behörde zugeordnet und handeln nicht selbst hoheitlich. Charakteristisch ist, dass Verwaltungshelfer:innen nur eingeschränkte eigene Entscheidungsmöglichkeiten haben. Um Verwaltungshelfer:in zu werden, bedarf es keinen förmlichen Verwaltungsakt. Vielmehr ist die Sachnähe der übertragenden Tätigkeiten zu den Aufgaben der Behörde und der Grad der Einbindung entscheidend. Die Krisenbewältigung (Response), die Abkehr von Gefahren für die öffentliche Sicherheit und Ordnung ist eindeutig Aufgabe der Behörden. Bei der Wiederherstellung (Recovery), beispielsweise Schutt aus Häusern räumen und entsorgen (Konkurrenz zu Entrümpelungsfirmen), Lebensmittel und Kleidung verteilen (Konkurrenz zum Einzelhandel) usw., ist dies m. E. fraglich. Hier muss die Behörde aufpassen, dass sie nicht privatwirtschaftliche Aufgaben unter den Deckmantel der Gefahrenabwehr (Katastrophenschutz, Infektionsschutz, Veterinärschutz) wahrnimmt (siehe Beispiel in Bild 17). Ggf. sind vergaberechtliche Vorgaben zu beachten. Umso länger der Schadeneintritt zurückliegt, umso umfangreicher die wahrgenommenen Aufgaben sind und umso firmenähnlicher eine juristische Person als Helfer:in ist, desto eher ist diese nicht als Verwaltungshelfer:in anzusehen und die Gefahrenabwehrbehörden haben ein öffentlich-rechtliches Vergabeverfahren durchzuführen.

> **Beispiel:**
> Nach einem Sturmereignis sind eine Vielzahl von Dächern beschädigt. Die Dachdeckergesellen eines Unternehmens begeben sich ins Schadengebiet, um lose Dachteile, die herabzustürzen drohen, zu sichern. Diese Aufgabe fällt eindeutig unter die behördliche Aufgabe der Gefahrenabwehr. Die Gesellen können als Verwaltungshelfer:innen eingesetzt werden.
> Schwieriger wird es schon, wenn die Gesellen die Dächer provisorisch mit Planen abdichten. Beim Neueindecken mit Ziegeln dürfe es dann wiederum keine unterschiedlichen Interpretationen geben.

Mindestvoraussetzung für die Ernennung zu Spontanhelfenden ist ein kommunikativer Akt gegenüber diesen Personen. Eine allgemeine Äußerung gegenüber einer Menge reicht rechtlich nicht und ist auch wenig sinnvoll, um Spontanhelfende eindeutig von Störer:innen unterscheiden zu können. Wichtig ist noch anzumerken, dass die Beauftragung auch nachträglich bzw. stillschweigend erfolgen kann.

> **Achtung:**
> Besonders im Bereich des Wiederaufbaus (Recovery) ist der Einsatz von Spontanhelfenden als Verwaltungshelfer:innen besonders zu prüfen.

Die Tätigkeit der Spontanhelfenden als Verwaltungshelfer:innen kann aus drei Gründen enden:

- die Behörde beendet ihren Einsatz,
- die Spontanhelfenden beenden ihre Hilfe,
- die Behörde entzieht die Beauftragung als Verwaltungshelfer:innen (z. B. weil diese den Anordnungen der Behörde nicht Folge leisten).

8.2 Schäden gegenüber Dritten

Verwaltungshelfer:innen werden haftungsrechtlich und versicherungstechnisch im Wesentlichen wie Beamt:innen bzw. Angestellte des öffentlichen Dienstes behandelt.

Verursachen Spontanhelfende als Verwaltungshelfer:innen einen Schaden, so tritt die Amtshaftung in Kraft. Die zuständige Behörde haftet gegenüber dem Geschädigten für den Schaden. Die Behörde kann ihrerseits bei Vorsatz oder grober Fahrlässigkeit die Spontanhelfenden in Regress nehmen. Bei der Beurteilung von grober Fahrlässigkeit ist zu beachten, dass die Spontanhelfenden häufig über deutlich weniger Fachwissen verfügen als zum Beispiel die ausgebildeten Helfer des Katastrophenschutzes. Von daher ist bei ihnen eher von einer Fehleinschätzung der Situation auszugehen.

Spontanhelfende, die keine Verwaltungshelfer:innen sind und einen Schaden gegenüber Dritten verursachen, haften grundsätzlich persönlich. Meistens sollten hier Rechtfertigungsgründe wie Notstand oder Einwilligung des Geschädigten gelten, sodass letztendlich die Spontanhelfenden ebenfalls nicht persönlich haften müssen.

8.3 Eigene Schäden und Aufwendungen

Gesundheitliche Schäden – körperliche wie psychische –, die Spontanhelfende während ihre Hilfstätigkeit erfahren sowie Sachschäden, -verluste und Aufwendungen, die mit der Hilfe in Zusammenhang stehen, werden i. d. R. von der gesetzlichen Unfallversicherung getragen. Dies geschieht unabhängig davon, ob die Spontanhelfenden als Verwaltungshelfer:innen beauftragt wurden oder nicht. Dabei wird ein eingetretener Schaden selbst dann erstattet, wenn ein Mitverschulden des Spontanhelfenden vorliegt.

Die gesetzliche Unfallversicherung tritt ein, wenn kein anderweitiger Versicherungsschutz besteht. So kann es z. B. vorkommen, dass bei Nicht-Verwaltungshelfer:innen die private Haftpflichtversicherung den Schaden auszugleichen hat.

Merke:
Beachten Sie die Verjährungsfristen bei der Geltendmachung von Ansprüchen.

Wichtig ist, dass geschädigte Spontanhelfende einen Antrag bei der zuständigen Gefahrenabwehrbehörde stellen. Sie müssen glaubhaft machen, dass der Schaden aufgrund der Hilfeleistung eingetreten ist. Dies ist natürlich leichter, wenn die Spontanhelfenden entsprechend von der Gefahrenabwehrbehörde zu Einsatzbeginn und -ende registriert wurden. Der Anspruch verjährt vier Jahre nach Ablauf des Kalenderjahres, in dem der Schaden entstanden ist.

8.4 Fürsorgepflicht und Arbeitsschutz

Inwieweit arbeitsschutzrechtliche Regelungen auch für Spontanhelfende gelten, ist schwer zu sagen. Stefan Voßschmidt (ohne Datum) äußerte sich auf der Webpage von DGSMTech e. V. wie folgt: »Ich denke man wird arbeitsrechtliche Grundsätze übertragen müssen, je mehr der Spontanhelfer eingebunden wird, je gefahrgeneigter seine Arbeit ist, umso höhere Ansprüche sind an den Arbeitsschutz zu richten. Je niedriger umso geringer.«

Aus dieser Aussage ließe sich folgern, dass es für die Gefahrenabwehrbehörden besser ist, Spontanhelfende nicht in die eigenen Strukturen einzubinden, da ansonsten erhebliche Aufgaben und Verantwortungen aufgrund der Arbeitsschutzrechtlichen Gesetze und Richtlinien eintreten würden. Hier ist aber zu bedenken, dass die Gefahrenabwehrbehörden im Allgemeinen und die jeweiligen Einsatzleiter:innen im Speziellen für das Leben und die Gesundheit aller Menschen in ihren jeweiligen Zuständigkeitsbereichen verantwortlich sind. Dies folgt aus den Brand- und Katastrophenschutzgesetze sowie den Ordnungsbehördengesetzen der Länder. Selbst wenn Personen sich absichtlich in Gefahr begeben (z. B. da sie einen Suizid verüben wollen), muss die Einsatzleitung alles unternehmen, damit diese Personen keinen Schaden erleiden. Von daher hat der/die Einsatzleiter:in auf jeden Fall die allgemeinen Regeln des Arbeitsschutzes zu berücksichtigen. Sollten diese nicht umsetzbar oder unverhältnismäßig sein, so muss die entsprechende Tätigkeit den Spontanhelfenden untersagt werden. Folgen diese einer entsprechenden Anweisung nicht, so werden aus ihnen Störer:innen, die mittels Platzverweises und ggf. unmittelbaren Zwang in Sicherheit gebracht werden müssen.

8.4 Fürsorgepflicht und Arbeitsschutz

Achtung:
Die Gefahrenabwehrbehörden und deren Einsatzleiter:innen sind für das Leben und die Gesundheit aller Menschen in ihrem Verantwortungsbereich zuständig – auch für nicht eingebundene Spontanhelfende und Störer:innen.

Grundlage aller Arbeitsschutzmaßnahmen ist eine immer wiederkehrende Risikoanalyse des Einsatzumfeldes, welche eh gemäß der FwDV/DV 100 von der Einsatzleitung durchgeführt werden muss. Im Bereich der Einsatzlehre hat sich die 5A-1B-1C-5E-V-W-Gefahrenmatrix als ein auch unter extremem Stress sinnvoll nutzbares Verfahren herausgestellt. Dabei wird gefragt, welche Gefahren für Menschen, Tiere, Umwelt und Sachwerte durch

- **A**bsturz,
- **A**ngstreaktion,
- **A**temgifte,
- **A**tomare Strahlung,
- **A**usbreitung,
- **B**iologische Stoffe,
- **C**hemische Stoffe,
- **E**insturz,
- **E**lektrizität,
- **E**rkrankung,
- **E**rtrinken,
- **E**xplosion,
- **V**erkehr,
- **W**etter

bestehen.

Umfassend hat sich das Forschungsprojekt Wissens- und Kompetenzvermittlung im Arbeits- und Gesundheitsschutz bei Spontanhelfern (WuKAS) (Malteser et al. 2021) mit dem Arbeitsschutz beschäftigt und einige Arbeitshilfen für Stäbe, Führungskräfte und Spontanhelfende erarbeitet. Obwohl manche rechtliche Aussagen in dem Leitfaden nicht zutreffen, können die Arbeitshilfen durchaus als Grundlage der eigenen Einsatzvorbereitung genutzt werden. Das größte Manko dieses Leitfadens ist die strikte Trennung von Einheiten der BOS und Spontanhelfenden. Die strikte Abgrenzung, BOS-Einsatzkräfte in Gefahrengebieten und Spontanhelfende außerhalb einzusetzen, sind nach den Erfahrungen aus der Flutkatastrophe 2021 nicht mehr haltbar. Der Fokus des Leitfadens liegt aber richtigerweise auf der Fürsorgepflicht der Verantwortlichen gegenüber den Spontanhelfenden und der permanenten Risikoanalyse.

8.5 DGSVO

Wie bei den Haftungs- und Versicherungsfragen erläutert, ist es vorteilhaft, dass die persönlichen Daten von Spontanhelfenden von den Gefahrenabwehrbehörden erfasst, verarbeitet und gespeichert werden. Dabei ist Art 5 (1) der DGSVO zu beachten:

»Personenbezogene Daten müssen
a) auf rechtmäßige Weise, nach Treu und Glauben und in einer für die betroffene Person nachvollziehbaren Weise verarbeitet werden (»Rechtmäßigkeit, Verarbeitung nach Treu und Glauben, Transparenz«);
b) für festgelegte, eindeutige und legitime Zwecke erhoben werden und dürfen nicht in einer mit diesen Zwecken nicht zu vereinbarenden Weise weiterverarbeitet werden; eine Weiterverarbeitung für im öffentlichen Interesse liegende Archivzwecke, für wissenschaftliche oder historische Forschungszwecke oder für statistische Zwecke gilt gemäß Artikel 89 Absatz 1 nicht als unvereinbar mit den ursprünglichen Zwecken (»Zweckbindung«);
c) dem Zweck angemessen und erheblich sowie auf das für die Zwecke der Verarbeitung notwendige Maß beschränkt sein (»Datenminimierung«);
d) sachlich richtig und erforderlichenfalls auf dem neuesten Stand sein; es sind alle angemessenen Maßnahmen zu treffen, damit personenbezogene Daten, die im Hinblick auf die Zwecke ihrer Verarbeitung unrichtig sind, unverzüglich gelöscht oder berichtigt werden (»Richtigkeit«);
e) in einer Form gespeichert werden, die die Identifizierung der betroffenen Personen nur so lange ermöglicht, wie es für die Zwecke, für die sie verarbeitet werden, erforderlich ist; personenbezogene Daten dürfen länger gespeichert werden, soweit die personenbezogenen Daten vorbehaltlich der Durchführung geeigneter technischer und organisatorischer Maßnahmen, die von dieser Verordnung zum Schutz der Rechte und Freiheiten der betroffenen Person gefordert werden, ausschließlich für im öffentlichen Interesse liegende Archivzwecke oder für wissenschaftliche und historische Forschungszwecke oder für statistische Zwecke gemäß Artikel 89 Absatz 1 verarbeitet werden (»Speicherbegrenzung«);
f) in einer Weise verarbeitet werden, die eine angemessene Sicherheit der personenbezogenen Daten gewährleistet, einschließlich Schutz vor unbefugter oder

unrechtmäßiger Verarbeitung und vor unbeabsichtigtem Verlust, unbeabsichtigter Zerstörung oder unbeabsichtigter Schädigung durch geeignete technische und organisatorische Maßnahmen (»Integrität und Vertraulichkeit«)«

Entsprechend der Verjährungsfrist für Ansprüche der Spontanhelfenden sind die erfassten personenbezogenen Daten für mindestens vier Jahre nach Ablauf des Kalenderjahres, in dem die Daten erfasst wurden, zu speichern.

Achtung:
Auch in Krisen und Katastrophen ist der Datenschutz zu berücksichtigen.

Die Nutzung der Daten, um nach dem Einsatz in Kontakt mit den Spontanhelfenden zu treten, ist aufgrund der Fürsorgepflicht, die auch psychosoziale Nachsorge umfasst, geboten. Ob die Daten allerdings zur Werbung zum Eintritt in Katastrophenschutzorganisationen verwendet werden können, wie es die DIN ISO EN 22319 vorschlägt, halte ich für fraglich.

8.6 Störer:innen

Bei den Störer:innen können zwei Gruppen differenziert werden:
- Personen, die den Einsatzerfolg gefährden, mit den Untergruppen:
    - die Gefährdung erfolgt absichtlich,
    - die Gefährdung erfolgt unabsichtlich.
- Personen, die die Krisensituation für ungesetzliche Tätigkeiten nutzen, mit den Untergruppen:
    - Personen, die kriminelle Straftaten (Raub, Plünderung, Betrug etc.) begehen wollen,
    - Personen, die verfassungsfeindliche Aktivitäten nachgehen.

Die bisherigen nationalen und internationalen Erfahrungen zeigen, dass die Anzahl an Störer:innen prozentual extrem gering ist. Trotzdem können bereits wenige Störer:innen dazu beitragen, dass die Krisensituation eskaliert. Die Gefahrenabwehrbehörden können zwar Platzverweise erteilen, aber deren Durchsetzung ist bei großen bzw. langanhaltenden Lagen eher schwierig wie die Flutkatastrophe 2021 und die Pandemie-Krise 2020 ff. zeigten. Die Polizei wird kaum in der Lage sein, genügend Einsatzkräfte vor Ort zur Verfügung zu stellen, da sie ebenfalls stark in die

8 Rechtliche Grundlagen

Gefahrenabwehr eingebunden sein wird. Bisher haben die Selbstreinigungskräfte innerhalb der Spontanhelfer-Community und durch Betroffene selber einen größeren negativen Einfluss von Störer:innen bei den »klassischen« Spontanhelfer-Einsätzen verhindert. Wie solche Situationen allerdings eskalieren können, haben Ereignisse ohne Spontanhelfende gezeigt. Es soll nur an folgende Ausschreitungen erinnert werden:

Rostock-Lichtenhagen 1992
Zwischen den 22. Und 26. August kam es zu Ausschreitungen am Wohnheim für ehemalige vietnamesische Vertragsarbeiter. Das Wohnhaus, in dem sich noch mehr als 100 Personen befanden, wurde mit Molotowcocktails angezündet. Mehrere hundert Randalierer und bis zu 3.000 applaudierende Zuschauer behinderten den Einsatz der Feuerwehr und Polizei.

Freiberg 2015
200 Polizisten mussten mehr als 700 Flüchtlinge vor 400 »Demonstranten« schützen. Mittels den Social Media hatten sich die Randalierer organisiert und warteten am Bahnhof auf den ankommenden Zug. Sie bewarfen die Busse mit Lebensmitteln und beschimpfen die Flüchtlinge extrem aggressiv.

Kreuzberg diverse Jahre
In den 1980er Jahren kam es in Berlin Kreuzberg (SO36) und im Hamburger Schanzenvirtel zu Straßenschlachten zwischen Hausbesetzern und der Polizei. In ihnen wurden auch immer wieder Einheiten des Bevölkerungsschutzes involviert. So wurde in Kreuzberg der letzte komplette Rundhauber-Löschzug von Randalierern in Brand gesetzt. Seit dieser Zeit kam es immer wieder am 1. Mai zu schweren Zusammenstößen zwischen Randalierenden und den Einsatzkräften der BOS.

G20 Gipfel Hamburg 2017
Am 7. und 8. Juli 2017 fand das zwölfte Treffen der Gruppe der zwanzig wichtigsten Industrie- und Schwellenländer statt. Im Rahmen dieser Veranstaltung kam es zu bürgerkriegsähnlichen Ausschreitungen von Demonstrant:innen, die aus ganz Europa angereist waren. Mehr als 100 Personen wurden dabei verletzt.

8.6 Störer:innen

Takeaway:

Bezüglich der Einbindung von Spontanhelfenden in die behördliche Gefahrenbewältigung bestehen keinerlei gesetzliche Lücken. Personen, die vor Ort tätig werden und keiner BOS angehören, teilen sich in Spontanhelfende und Störer:innen auf. Erste sind umfassend gegenüber Schäden jeglicher Art versichert.

Die Gefahrenabwehrbehörden sind für die Sicherheit und Gesundheit alle Personen – und somit auch für die Spontanhelfenden – im Schadengebiet verantwortlich. Dazu bedarfs es einer regelmäßigen Risikoanalyse, um Gefährdungen minimieren zu können.

Bei der Geltungsmachung von Schäden haben die Spontanhelfenden die Verjährungsfristen zu beachten.

Der Einsatz von Spontanhelfenden nach der Phase der akuten Gefahrenbewältigung (Beendigung des Katastrophenfalls) ist genau zu prüfen.

9 Vorbereitung auf die Einbindung von Spontanhelfenden

Die Einbindung von Spontanhelfenden in die behördliche Gefahrenabwehr kann nur gelingen, wenn sich beide Seiten darauf vorbereiten (siehe dazu z. B. Voßschmidt et al. 2019). Zukünftige Spontanhelfende können nur durch Öffentlichkeitsarbeit der Behörden auf die Zusammenarbeit vorbereitet werden. Dazu sollte auf allen Ebenen der staatlichen Verwaltungen die Zivilgesellschaft angesprochen werden. Neben passiven Möglichkeiten sollten auch mehr aktive – wie ein »Runder Tisch Resilienz« genutzt werden.

Merke:
Spontanhelfende mögen spontan sein, ihr Management sollte es aber nicht!

Die Gefahrenabwehrbehörden müssen sich durch entsprechende Aus- und Fortbildung ihrer Mitarbeiter:innen und ehrenamtlichen Angehörigen, Organisatorische Maßnahmen und die Beschaffung notwendiger technische Ausstattungen vorbereiten.

9.1 Aus- und Fortbildung

Betrachtet man die Spontanhelfenden als Teil der behördlichen Gefahrenabwehr – was die Aussagen in diesem Buch nahelegen – so sind neben den Einsatzkräften der BOS auch die Menschen der Zivilgesellschaft (Spontanhelfende und Mitarbeiter:innen von Unternehmen) zu schulen und auf Krisensituationen vorzubereiten.

9.1.1 Personen der Zivilgesellschaft

Personen der Zivilgesellschaft werden nur in Ausnahmefällen an Lehrgängen teilnehmen. Deshalb sollte diese Gruppe auf zwei Wege angesprochen und sensibilisiert werden sowie deren Kompetenz bezüglich einer möglichen Tätigkeit als Spontanhelfender gestärkt werden:

9.1 Aus- und Fortbildung

1. Schulungen mittels Webbasierten Lernens (WBL, WBT) und
2. mit einem »Runden Tisch Resilienz« (siehe Kapitel 12.3).

Schulungen mittels Webbasierten Lernens (WBL, WBT)
Diese Schulungen sind von den Empfehlungen zu Stärkung der eigenen Resilienz zu unterscheiden. Die Aus- und Fortbildung muss verdeutlichen, wie die behördliche Gefahrenabwehr funktioniert, wie sie die Rettungsmaßnahmen koordiniert und wie die Einheiten der BOS geführt werden. Dabei ist besonders auf die Leitung durch Landrät:innen und Bürgermeister:innen hinzuweisen. Diese politisch Verantwortlichen haben für ihren Zuständigkeitsbereich die Verantwortung der Gefahrenabwehr, je nachdem ob der Katastrophenfall erklärt wurde oder nicht. In der Regel wird die operative Leitung einer Führungskraft der Feuerwehren oder Hilfsorganisationen übertragen, in selteneren Fällen einer Führungskraft des THW, der Landespolizei oder der Bundeswehr bzw. -polizei. Es ist auch darauf hinzuweisen, dass die Behörden ihre Entscheidungen auf Grundlage von Erkundungsergebnissen gründen und deshalb u. U. verzögert handeln. In diesem Zusammenhang ist darauf aufmerksam zu machen, dass dieses überlegte Handeln in der Regel bessere Ergebnisse liefert als blinder Aktionismus.

Merke:
Es muss vermittelt werden, wer, wie und warum (so) handelt.
→ Verständnis und Vertrauen aufbauen.

Es muss ebenfalls vermittelt werden, wie man sich als Spontanhelfender in die Rettungsmaßnahmen sinnvoll einbringen kann. Bei diesem Punkt sollten die eventuellen Spontanhelfenden in die Planungen der Behörde eingewiesen werden. Neben den üblichen von den Behörden gefragten Kompetenzen (besonders Spezialfähigkeiten) ist darauf hinzuweisen, dass sich die Krisenbewältigung häufig über einen längeren Zeitabschnitt hinzieht und die Betroffenen konstant Hilfe benötigen. Das heißt, dass Spontanhelfende nicht nur am Anfang einer Krise benötigt werden, sondern auch dann, wenn die der ersten Welle erschöpft abgelöst werden müssen. Als Grundsatz kann gelten, dass je weiter sich Spontanhelfende vom Schadenort entfernt aufhalten, desto später sollten sie sich der Krisenbewältigung zur Verfügung stellen. Neben der Durchhaltefähigkeit der Spontanhilfe ist auch auf die Gefahr der »Verstopfung« der Anfahrtswege und der »Überflutung« der Einsatzstelle hinzuweisen.

9 Vorbereitung auf die Einbindung von Spontanhelfenden

Merke:
Es muss vermittelt werden, wo, wie und wann (nicht) man sich als Spontanhelfender einbringen kann.
→ Einsatzmöglichkeiten und -grenzen benennen.

Ein weiterer wichtiger Inhalt sollte die Information darüber sein, was als Spontanhelfender selbst zu arrangieren ist und welche Unterstützung man von den Gefahrenabwehrbehörden erwarten kann. In diesem Punkt ist besonders dafür zu sensibilisieren, dass Spontanhelfende den Gefahrenabwehrbehörden nicht zur Last fallen sollten und vor allem, dass Spontanhelfende die häufig mangelhafte Versorgung der Betroffenen nicht noch zusätzlich belasten dürfen. Eine 72-stündige Autonomie muss der Standard werden. Dabei ist auch an Sonnenschutzmittel und Insektenschutz zu denken. Daneben ist aber auch anzumerken, dass sich die Gefahrenabwehrbehörden auf die Einbindung von Spontanhelfenden vorbereiten. So sollte jede Kommune spezielle Schutzausrüstungen (Einwegschutzanzüge, FFP-Atemmasken etc.) und gewisse Arbeitsgeräte (Schaufeln für Sandsackbefüllungen, Lastenkarren etc.) vorhalten.

Merke:
Es muss vermittelt werden, welche Ansprüche an Spontanhelfende gestellt werden können.
→ Spontanhelfende sollten so ausgerüstet sein, dass sie etwa 72 Stunden autark arbeiten/helfen können.

Um zu Beginn einer Krise unnötige Rückfragen zu vermeiden, sollte eine (oder auch mehrere) Ansprechperson(en) benannt werden, an die man sich im Falle einer Krise/Katastrophe als Spontanhelfender wenden kann. Es ist sehr wichtig anzumerken, dass eine koordinierte und untereinander abgestimmte Hilfe den Betroffenen mehr hilft als nebeneinander oder gar gegeneinander zu arbeiten. Deshalb ist darauf hinzuweisen, dass jede Gefahrenabwehrbehörde Registrierungsstellen am Rande des Schadengebietes bzw. innerhalb bei den einzelnen Einsatzleitungen einrichten wird. Am effektivsten können sich Spontanhelfende einbringen, wenn sie diese Stellen nutzen.

9.1 Aus- und Fortbildung

Merke:
Es muss vermittelt werden, an wen man sich als Spontanhelfender im Falle einer Krise/Katastrophe zuerst wenden soll.
→ Ansprechpartner/Registrierungsstellen vorstellen.

Ein weiteres wichtiges Themengebiet stellen die Rechts- und Versicherungsfragen dar. Spontanhelfende sind über die entsprechenden Rechts- und Versicherungsfragen aufzuklären (siehe Kapitel 8). Besonders ist auf die Vorteile einer Tätigkeit als Verwaltungshelfer:in und einer Registrierung bei den Gefahrenabwehrbehörden hinzuweisen.

Merke:
Es muss vermittelt werden, welche rechtlichen Ansprüche Spontanhelfende geltend machen können und welche Vorteile eine Registrierung mit sich bringen.
→ Die (rechtlichen) Vorteile einer Registrierung/Zusammenarbeit mit den Gefahrenabwehrbehörden sollten klar benannt werden.

Der »Runde Tisch Resilienz«

Am »Runden Tisch Resilienz« (siehe Kapitel 12.3) sind die Themen der WBL zu vertiefen und etwaige Fragen zu klären. Wenn jede Kommune solch einen Runden Tisch etabliert, würde die Kompetenz von etwaigen Spontanhelfenden bundesweit gestärkt. Hierbei ist wichtig, dass alle Akteur:inne gleichbehandelt werden. Es gibt nicht die Profis, die Ehrenamtlichen, die Verwaltungsangehörigen und die Sponatanhelfenden. Alle sind gleich wichtig für ein erfolgreiches vorsorgliches und reaktives Krisenmanagement. Nun wenn die Teilnehmer:innen alle auf Augenhöhe miteinander sprechen, wird das Bewusstsein bei allen für eine effektive und effiziente Gefahrenbewältigung geschärft.

Merke:
Der »Runde Tisch Resilienz« sollte nicht nur für die Kommunikation/den Austausch der Gefahrenabwehrbehörden und Kommunen etc. dienen, sondern auch die Zivilbevölkerung einbeziehen.
→ Gemeinsam sind wir stärker.

9.1.2 Mitarbeiter:innen und Einsatzkräfte der Gefahrenabwehrbehörden

Sämtliche Mitarbeiter:innen und Einsatzkräfte der Gefahrenabwehrbehörden sind so siloüberschreitend aus- und fortzubilden, dass sie in der Lage sind, eine vorab nicht zu kalkulierende Anzahl von Spontanhelfenden in die Gefahrenabwehrmaßnahmen einzubinden. Unter siloüberschreitend ist gemeint, dass z. B. die Einsatzkräfte der Feuerwehren zusammen mit den Mitarbeiter:innen der Kommunen und den Angehörigen der Hilfsorganisationen im Bereich »Einbindung von Spontanhelfenden« geschult werden. Gerade diese Gruppen werden von Seiten der Gefahrenabwehrbehörden besonders mit der Einbindung von Spontanhelfenden in die behördliche Gefahrenabwehr beauftragt werden. Wichtig ist, dass die Aus- und Fortbildung nicht nur im Theorieteil, sondern auch in praktischen Übungen den Aspekt der Einbindung von Spontanhelfenden berücksichtigt.

Es gilt zunächst folgende, wesentliche Kompetenzen, über die alle Einsatzkräfte und Mitarbeiter:innen verfügen sollten, zu stärken:

Empathie
Es ist die Motivation von Spontanhelfenden darzustellen und das Verständnis zu wecken, dass diese helfen möchten. Die Einsatzkräfte und Mitarbeiter:innen sind auch dafür zu sensibilisieren, was eine Ablehnung eines Hilfsangebotes bei den Spontanhelfenden auslösen kann.

Flexibilität
Es kann nur sehr bedingt vorausgesagt werden, wie viele Spontanhelfende mit welchen Kompetenzen in welchem Zeitraum für die Einbindung zur Verfügung stehen werden. Die verantwortlichen Einsatzkräfte und Mitarbeiter:innen müssen in der Lage sein, sowohl wenige wie auch sehr viele Spontanhelfende in die Gefahrenabwehr integrieren zu können.

Kreativität
Gerade Spontanhelfende wissen oftmals nur, dass sie helfen wollen. Sie wissen aber nicht immer wie. Aus diesem Grund müssen deren Ansprechpartner:innen aus den ersten Gesprächen ermitteln, wie die Spontanhelfenden am besten einzusetzen sind. Hierbei gibt es keine Musterlösungen.

9.1 Aus- und Fortbildung

Inkompetenzkompensationskompetenz
Wie jede Person, die in Krisensituation Aufgaben wahrnimmt, müssen auch die Personen, die bei der Einbindung von Spontanhelfenden eingesetzt werden, über die Fähigkeit verfügen, die eigene Inkompetenz zu kompensieren. Die Ausrede, auf diese Situation wurde ich nicht vorbereitet, kann in Krisensituation nicht geltend gemacht werden.

sprachliche Kompetenz
Hier ist besonders darauf abzuzielen, dass Spontanhelfende von Verwaltungs- und BOS-Deutsch häufig abgeschreckt werden. Vielmehr ist die Sprache der Spontanhelfenden zu nutzen. Da die Spontanhelfenden sehr unterschiedlich u. a. in Alter, Bildung, kulturellen und religiösen Background sein können, müssen sie unterschiedlich und zielgruppengerecht angesprochen werden. Wichtig ist zu vermitteln, dass sie ein Teil der Gesamtkrisenbewältigung darstellen.

Vertrauen
Wesentliche Voraussetzung, dass sich Spontanhelfende in die behördliche Gefahrenabwehr einbinden lassen, ist, dass sie den Behörden vertrauen. Dieses Vertrauen muss von den Personen gestärkt und verfestigt werden, die mit den Spontanhelfenden in Kontakt kommen. Deshalb sollten besonders die Mitarbeiter:innen und Einsatzkräfte, die die Aufgabe der Einbindung von Spontanhelfenden übertragen bekommen haben, ehrlich, offen, transparent, direkt und freundschaftlich mit ihnen kommunizieren.

Toleranz
Die Diversität der Spontanhelfenden ist immens groß. Deshalb sollten fast alle Spontanhelfende als Teil des Gesamtteams betrachtet und auf Augenhöhe behandelt werden. Lediglich die Störer:innen (siehe Kapitel 8.6) sind konsequent als solche zu behandeln.

Verantwortungsbewusstsein gegenüber den Betroffenen
Jede Person, die in der Gefahrenabwehr und Krisenbewältigung tätig wird, sollte sich immer wieder gedanklich in die Situation der Betroffenen begeben. Betroffenen ist es grundsätzlich egal, wer ihnen hilft. Ihre Situation muss sich verbessern, sie benötigen Hilfe. Und wenn diese Hilfe von Spontanhelfenden besser geleistet werden kann als von den eigen Kräften, so sind erstere bevorzugt einzusetzen.

> **Merke:**
> Besonders die Führungskräfte und die Mitarbeiter:innen in der operativen Krisenkommunikation müssen in der Lage sein, die unterschiedlichen Spontanhelfenden adressatengerecht anzusprechen.

9.1.3 Aufeinander aufbauende Aus- und Fortbildung

Bereits in der Grundausbildung der Feuerwehren, Hilfsorganisationen und des THW ist auf das Thema Spontanhelfende einzugehen. Dabei muss das Bewusstsein erzeugt werden, dass Spontanhelfende (einschließlich der virtuellen) ein ebenbürtiger Teil der gesamtgesellschaftlichen Gefahrenabwehr sind. Die Einsatzkräfte kommen direkt mit den Spontanhelfenden in Kontakt und müssen diese gleichberechtigt – auf Augenhöhe – begegnen. Zusätzlich sind Beispielszenarien zu diskutieren, in denen Spontanhelfende gut bzw. weniger gut eingebunden werden können. Hierbei können auch vergangene Einsätze besprochen und Erkenntnisse aus diesen festgehalten werden.

> **Merke:**
> Ziel in der Grundausbildung ist, dass die zukünftigen Einsatzkräfte ein positives Verständnis der Spontanhelfenden bilden und ihren Einsatz als eine positive Unterstützung der eigenen Tätigkeit ansehen.

Der Schwerpunkt bei der weitegehenden Führungsausbildung muss das Führen und Leiten von gemischten, d. h. BOS-Einsatzkräfte gemeinsam mit Spontanhelfenden, wie nicht gemischten (rein BOS bzw. rein Spontanhelfende) gelegt werden. Dabei ist die Anzahl von zu führenden Personen von wenigen bei Unterführer:innen bis zu mehreren (hundert)tausend bei Stabsangehörigen zu variieren.

> **Merke:**
> In Rollenspielen und Planübungen sind die theoretischen Erkenntnisse zu vertiefen und zu verfestigen. Ziel muss es sein, dass diese auch unter extremen Stress so selbstverständlich angewendet werden können wie die Befehlsgabe nach der FwDV/DV 100.

Diese Art der Führung kann auch mit Führung eines Teams aus verschiedenen Teams (siehe Kapitel 5) bezeichnet werden. Wichtig dabei ist, auf die unterschiedliche

Organisation des Raumes in der Phase des Operational Designs (Aufgabenbezogen) und des Operational Management (Ortsbezogen) einzugehen. Diese Aus- und Fortbildung kann auf die organisationsübergreifende Führungsausbildung diverser staatlicher Bildungseinrichtungen (z. B. der BABZ) aufbauen. Des Weiteren muss auf die Verantwortung der Führungskräfte für alle Personen im Gefahrenbereich (Betroffene, Nichtbetroffene, Spontanhelfende, Eisatzkräfte und selbst Störer:innen) (siehe Kapitel 8.4) sowie auch auf die Rechtsfragen (siehe Kapitel 8) eingegangen werden.

In sämtlichen Fortbildungen muss regelmäßig der Themenkomplex »Spontanhelfende« angesprochen werden. Besonders in Übungen – sowohl bei Vollübungen wie bei Stabsübungen – ist der Aspekt »Einbindung von Spontanhelfenden« einzubauen. Dabei bietet es sich an, mit örtlichen Organisationen (z. B. Sportvereine), die als Keimzellen von Spontanhilfe anzusehen sind, gemeinsam zu üben. Auch in Übungen ist natürlich der Arbeitsschutz besonders zu beachten.

9.2 Organisatorisches Vorbereitung

Aus den Erfahrungen des Ahrtals (siehe Kapitel 14.2) lässt sich vor allem die Erkenntnis ziehen, dass die Gefahrenabwehrbehörden keine Vakua zulassen dürfen. Daraus folgt, dass sie sich organisatorisch vorbereiten müssen:

Mit der Bewältigung der Krise/Katastrophe umgehend und vor Ort beginnen (Präsenz zeigen)!
In Bereichen mit einer hohen Dichte an ehrenamtlichen BOS-Strukturen fällt dies leichter als in städtischen. Aber auch hier ist es bei Flächenlagen wichtig, am Beginn, in der Chaos-Phase möglichst zu »kleckern« und nicht zu »klotzen«.

Schnellstmöglich auf allen Ebenen eine Führungsstruktur für alle sichtbar installieren!
Jede Ebene muss ihre Aufgaben umgehend aufnehmen. Ein Zögern führt zur Etablierung von Parallelstrukturen, die später nicht mehr aufgelöst werden können. Lieber mehrfach ein Führungsgremium übereilt und umsonst einberufen als einmal zu spät.

Sofort sowohl für Betroffene wie auch für Spontanhelfende ansprechbar sein!
Da gerade am Beginn mit der Überlastung der Notrufe zu rechnen ist, müssen schnell Alternativen für die operative Krisenkommunikation in Betrieb genommen werden

können. Neben dem Bürgertelefon bieten sich hier die Social-Media und die Partner im eigenen Resilienz-Netzwerk an. Zusätzlich sollten dezentrale Kontaktstellen eingerichtet werden, an die sich sowohl Betroffene wie Spontanhelfende wenden können und die leicht als solche erkennbar sind (Bürgerhäuser, Gemeindehäuser, Feuerwehrhäuser, Sportzentren etc.).

Schnellstmöglich einen Bereitstellungsraum (Anlaufstelle) für nachrückenden BOS wie für Spontanhelfende einrichten!
Jede Gemeinde sollte in Absprache mit der Katastrophenschutzbehörde ein entsprechendes Areal vorbereiten. Dieses muss groß genug sein, um eine Vielzahl von Fahrzeugen aufnehmen zu können. Er sollte leicht von der nächsten Autobahn erreichbar sein und im besten Fall ein Gebäude für die Führung und Administration besitzen. Sollte letzteres nicht vorhanden sein, ist eine Zeltlösung vorzubereiten.

Es sollte auch geprüft werden, ob nicht eine Anreise der Spontanhelfenden mit der Bahn sinnvoll ist (und dann entsprechend empfohlen wird) und ein fußläufig erreichbarer Bereitstellungsraum eingerichtet werden kann. Der Bereitstellungsraum einer Gemeinde steht hauptsächlich dem Katastrophenschutz und den benachbarten betroffenen Gemeinden zur Verfügung. Eine betroffene Gemeinde wird am Beginn einer Einsatzlage in der Regel nicht in der Lage sein, ihn für sich selbst in Betrieb zu nehmen und zu betreiben. Interkommunale Unterstützung ist hier wesentlich.

Für jede einzelne Aufgabe sollten administrative Hilfsmittel (z. B. Registrierungslisten, Hinweisschilder) vorbereitet und so einlagert werden, dass sie sofort in den Einsatz gebracht werden können. Diese Hilfsmittel sind regelmäßig in Übungen zu evaluieren und deren Umgang zu beüben. Ein »Runder Tisch Resilienz« kann in der Vorbereitung die Gefahrenabwehrbehörde vielfältig unterstützen, sowohl durch Ratschläge wie auch durch Ressourcen der Teilnehmer:innen.

9.3 Technische Vorbereitung

Die wichtigste technische Voraussetzung ist die Möglichkeit, mit den Spontanhelfenden kommunizieren zu können. Dazu müssen die entsprechenden Social Media und Softwarelösungen (Facebook, Twitter, TikTok, Instagram, YouTube, MS Teams, Zoom etc.) mittels Computer der Behörden nutz- und erreichbar. Sollten Behörden einige Kanäle aus IT-Sicherheits-Gründen gesperrt haben, so sind Stand-Alone-Computer mit einem separaten Internetzugang zu beschaffen. Zusätzlich ist eine Einsatzkommunikation jenseits des Behördenfunk vorzubereiten, um mit den Spon-

9.3 Technische Vorbereitung

tanhelfenden kommunizieren zu können. Dazu ist eine entsprechende Anzahl von Smartphones für alle Führungsebenen vorzusehen. Die Telefonnummern der anderen Geräte sollten vorab in jedem Gerät gespeichert werden.

Tipp:
Etabliere einen kommunalen, regelmäßig zusammenkommenden, offenen »Runden Tisch Resilienz«.

Um persönliche Schutzausrüstungen und Gerätschaften für Spontanhelfende schnell vor Ort zur Verfügung zu stellen, hält z. B. die BF Wuppertal einen speziellen Gerätewagen vor.

Takeaway:
Eine gute Vorbereitung ist kein Garant für die erfolgreiche Einbindung von Spontanhelfenden in die behördliche Gefahrenabwehr. Aber eine schlechte Vorbereitung führt mit großer Sicherheit ins Verderben. Ein »Runder Tisch Resilienz« ist bei der Vorbereitung sehr hilfreich.

10 DIN ISO EN 22319 – Leitfaden für die Planung der Einbindung von Spontanhelfenden

Mit dem Entwurf der DIN ISO EN 22319 »Sicherheit und Resilienz – Resilienz der Gesellschaft – Leitfaden für die Planung der Einbindung spontaner freiwilliger Helfer« ist ein erster Vorschlag für einen Standard zur Diskussion gestellt. Inwieweit diese Norm zukünftig als »Stand der Technik« angesehen wird, kann derzeit noch nicht abgesehen werden. Der internationale Normentwurf berücksichtigt nicht die besonderen Gegebenheiten des deutschen Bevölkerungsschutzsystems und wird (Stand Februar 2023) ersatzlos zurückgezogen (FNFW 2023). Trotzdem finden sich in dem Entwurf einige Anregungen, die bei einer entsprechenden Einsatzplanung durch die Gefahrenabwehrbehörden berücksichtigt werden sollten. Im Folgenden möchte ich die wesentlichen Aspekte des Entwurfs vorstellen, um sie im zweiten Unterabschnitt zu bewerten.

Merke:
Die DIN ISO EN 22319 ist in Deutschland nur eingeschränkt nutzbar.

10.1 Wesentliche Aspekte

Die Norm nutzt andere Begrifflichkeiten als ich in diesem Buch. So wird von »Spontan Freiwilligen (spontaneous volunteers)« gesprochen. Darunter werden Menschen verstanden, die nicht mit bestehenden Organisationen zur Reaktion auf Krisen in Verbindung stehen und die gewillt sind, unbezahlte Arbeit zu leisten. Die Norm berücksichtigt sowohl Helfer:innen, die vor Ort Hilfe leisten, und sogenannte »digitale Freiwillige« wie auch andere qualifizierte oder unqualifizierte Menschen. Die Norm betrachtet nicht nur die eigentliche Krisenhilfe, sondern auch die Wiederherstellungsphase. Gerade der letzten Punkt ist im deutschen System kritisch zu betrachten (siehe Kapitel 8). Im Anhang A der Norm ist eine Checkliste mit Aufgaben zur Planung angeführt, mittels der eine Entität beurteilen soll, wie gut sie sich auf die Einbindung von Spontanhelfenden vorbereitet hat.

10.1 Wesentliche Aspekte

Vorbereitende Maßnahmen

Entsprechend dieser Norm sollte die Behörde, die für die Krisenbewältigung verantwortlich ist (in Deutschland i. d. R. eine Kommune), eine Organisation benennen, die für die Führung, das Management und die Koordination der Spontanhelfenden die Verantwortung übernimmt. Diese Organisation sollte

- die Beweggründe verstehen, die Menschen dazu veranlassen, sich als Spontanhelfende zu engagieren,
- Haftungsfragen klären:
  - Voraussetzungen im Hinblick auf Versicherung und Haftung klären.
  - Die Verantwortung für Gesundheit und Sicherheit der Spontanhelfenden bestätigen.
  - Aufgaben bestimmen, die von Spontanhelfenden übernommen werden, die aber eine persönliche Haftung für Spontanhelfende mit sich bringen (z. B. wenn offizielle Anweisungen nicht befolgt werden).

Bei der Erstellung eines Planes zur Einbindung von Spontanhelfenden sollten folgende Leitlinien formuliert werden:

- Definition der Beziehung zu Spontanhelfenden,
- Verstehen der Bedenken interessierter Parteien,
- Risikoanalyse,
- Risikominimierung,
- Auswahl der Spontanhelfenden,
- Koordination der Spontanhelfenden,
- Festlegen der Erwartungen an Spontanhelfenden,
- Überwachen der von Spontanhelfenden ausgeführten Aufgaben,
- Ermittlung des Schulungs- und Unterweisungsbedarfs,
- Anerkennung und Belohnung der Spontanhelfenden.

Die Arbeitsbeziehungen werden in einer Tabelle zusammengefasst.

Tabelle 1: *Arbeitsbeziehungen zwischen der führenden Organisation und Spontanhelfenden*

Arten	Abhängigkeit von Offiziellen	Management und Verfahren	Zweck	Entscheidungsfindung durch Spontanhelfende	Aufgabenzuweisung
Anbindung an Offizielle	stark	durch Offizielle gestellt	Erweiterung der Kapazitäten	sehr gering	durch Offizielle
unabhängig, Zusammenarbeit mit Offiziellen	moderat	durch Offizielle gestellt	Erweiterung der Kapazitäten Überwachung	unabhängig im Rahmen der Aufgabenzuweisung	durch Spontanhelfende in Koordination mit Offiziellen
unabhängig	wenig Kontakt zu Offiziellen	durch Spontanhelfende gestellt	Ausführung von eigenen Aufgaben	unabhängig	durch Spontanhelfende

Die Organisation sollte eine Kontaktstelle benennen und den Spontanhelfenden Unterstützung anbieten – besonders zur Beilegung von Streitigkeiten zwischen zwei Spontanhelfer-Gruppen. Die Bedenken interessierter Parteien sollten ermittelt und entsprechend darauf reagiert werden.

Es wird zudem empfohlen, dass zur Risiko-Analyse ein entsprechender immer wiederkehrender Prozess eingeführt und eine Liste der Aufgaben erstellt wird, die Spontanhelfende übernehmen können. Neben den Risiken für die Spontanhelfende sind auch die Risiken für die Organisation (Reputationsschaden, Weitergabe vertraulicher Informationen, Veröffentlichung von Fake News etc.) zu beachten.

Die Risiken sollten durch folgende Maßnahmen gemindert werden:
- Auswahl- und Einführungsprozess für Spontanhelfende:
  - strukturiertes Konzept für das Screening, Annahme, Einführung und Schulung,
  - Prozess für die Verifizierung der Erfahrung, Fertigkeiten, Qualifikationen, Referenzen und Schulungen,
  - Einbindung von Personen mit lokalen Kenntnissen mit entsprechenden Kontakten zu lokalen Netzwerken,
- Verbreitung von Verhaltensregeln (einschließlich Vor- und Nachbesprechungen),

10.1 Wesentliche Aspekte

- Bestätigung, dass die Spontanhelfenden das Risiko und die mindernde Maßnahmen verstanden haben,
- Bestimmen von Aufgaben, die spezielle Fähigkeiten erfordern,
- Zuweisung von Aufgaben entsprechend dem Kompetenzniveaus der Spontanhelfenden,
- Ausstattung mit persönlicher Schutzausrüstung,
- Einführung geeigneter Arbeitsweisen,
- Bestimmung von Möglichkeiten zur Führung von Spontanhelfenden, die sich des Risikos nicht bewusst sind oder mit ihrem Verhalten das Risiko ignorieren,
- Verfahren für die Ablehnung von Spontanhelfenden, wenn das Risiko zu groß ist,
- Beschränkung der Weitergabe vertraulicher Informationen an Spontanhelfende,
- Absicherungsverfahren einführen, um mit Personen, die böswillige Handlungen beabsichtigen, umzugehen.

Zur Koordination der Spontanhelfenden sollte die Organisation folgende Maßnahmen vorbereiten:
- Kontaktstelle Spontanhelfende – Organisation festlegen,
- dafür entsprechende Ressourcen bereitstellen,
- Bestimmen von bestehenden Managementstrukturen, mit denen Spontanhelfende eingebunden werden können,
- Vermittlungsverfahren von Spontanhelfenden mit besonderen Kompetenzen,
- schnelle Aktivierung der Koordinationsstruktur,
- Möglichkeiten, wartende Spontanhelfende zu beschäftigen, damit diese nicht frustriert werden,
- verschiedene Möglichkeiten wie Behörden mit Spontanhelfenden zusammenarbeiten können.

Bezüglich der Registrierung von Spontanhelfenden sind folgende Daten zu erfassen:
- personenbezogenen Daten (Telefonnummer. E-Mail-Adresse, nächste Angehörige),
- Gründe für das Engagement als Spontanhelfender,
- Aufgaben, die nach eigener Einschätzung wahrgenommen werden können,
- Erfahrungen,

- abgeschlossene Unterweisungen als Spontanhelfender,
- Verfügbarkeit erforderlicher Schutzausrüstung,
- Begründung, warum ein Spontanhelfender nicht eingebunden wurde,
- Teilnahme an einer Einführung und Schulung.

Zudem sollen die »offiziellen« Spontanhelfenden gekennzeichnet werden.

Im Bereich der Kommunikation wird darauf hingewiesen, dass adressatengerechte Kommunikationskanäle und Sprache verwendet werden sollten. Dabei sollte auch festgelegt werden, wer wann mit wem kommuniziert, um eine Überlastung der Kommunikationskanäle zu vermeiden. Es wird ausdrücklich empfohlen, dass der Führungsstil »Führung und Leiten« verwendet wird. Genauso wird betont, dass eine Notfallkommunikation (z. B. zur Übermittlung von Evakuierungsanweisungen) notwendig ist. Im Weiteren ist darüber nachzudenken, ob und wenn ja, wie die Social Media genutzt werden sollten.

Spontanhelfende, die erst anreisen möchten, sollten entsprechende Informationen zur Verfügung gestellt werden:
- Wo kann man seine Hilfe anbieten?
- Welche Fähigkeiten werden derzeit benötigt?
- Welche Ressourcen sollten mitgebracht werden?
- Welche Unterstützung von der offiziellen Seite kann erwartet werden?
- Mit welchen Vorteilen, aber auch Risiken können Spontanhelfende rechnen?
- Welche weiteren, seriösen Informationsquellen gibt es?
- Wie ist die Haftung und Versicherung geregelt?
- Welche Vorteile bietet es, mit den Behörden zusammenzuarbeiten?

Zusätzlich sollten an offizielle Hilfeleistende Informationsmaterial ausgegeben werden, um diese an unabhängig arbeitende Spontanhelfende verteilen zu können. Dabei sind besonders Kontaktdaten der Gefahrenabwehrbehörden mitzuteilen, damit diese bei Bedarf erreicht werden können. Im Vorfeld sollte die Organisation ihre Erwartungen an die Spontanhelfenden artikulieren.

Im Einsatzgebiet tätige Spontanhelfende sollten folgende Informationen vermittelt werden:
- Ausstattung und Ausrüstung, die durch die Gefahrenabwehrbehörde zur Verfügung gestellt werden können,
- Verfügbarkeit zentraler Erholungseinrichtungen (z. B. Gesundheits- und Lebensmittelversorgung, Waschmöglichkeiten, PSNV),

- mögliche Belastungen und Risiken durch die Arbeit als Spontanhelfender,
- Prozess zur Geltendmachung von Ansprüchen bezüglich Versicherungen und bei Haftungsfragen.

Die Organisation sollte die Arbeit der Spontanhelfenden überwachen. Ziel ist es, die Risiken für die Spontanhelfenden zu minimieren und die Zufriedenheit zu steigern. Zusätzlich sollte angestrebt werden, dass die Spontanhelfende möglichst wenig alleine arbeiten. Der Arbeitseinsatz sollte dokumentiert werden (wo und von wann bis wann).

Die Schulungs- und Unterweisungsinhalte sind von der Organisation zu ermitteln, um diese entsprechend den Spontanhelfenden anbieten zu können. Auf folgende Punkte sollte schwerpunktmäßig eingegangen werden:
- Information zu Risiken und Möglichkeiten diese zu minimieren,
- Informationen zu den unterschiedlichen Rollen, Motiven, Zielen und Kompetenzen der verschiedenen Akteur:inne,
- Informationen, wie die Daten der Spontanhelfenden genutzt werden, um den Einsatzerfolg zu verbessern,
- Hervorheben der Relevanz bezüglich dem Tragen von Schutzausrüstung und Einhalten von Verfahren,
- Notwendigkeit, ohne Fachsprache zu kommunizieren,
- sachgerechte Nutzung von Ausrüstung,
- Aufgaben, die nicht von Spontanhelfenden auszuführen sind.

Zuletzt wird in der Norm darauf hingewiesen, dass Spontanhelfende entsprechend gedankt werden sollte, bevor noch einige langfristige Aspekte angefügt werden:
- Evaluation des Einsatzes von Spontanhelfenden,
- Möglichkeiten, Spontanhelfende in die Wiederherstellung einzubeziehen,
- Werbung für organisierte Freiwilligenarbeit.

10.2 Bewertung

Die DIN ISO EN 22319 – Leitfaden für die Planung der Einbindung von Spontanhelfenden kann in Deutschland aufgrund der rechtlichen Vorgaben (siehe Kapitel 8) nur eingeschränkt genutzt werden. So sind die Anmerkungen bezüglich der Versicherungs- und Haftungsfragen in Deutschland irrelevant. Aber auch die Nutzung von persönlichen Daten zur Nachwuchsgewinnung für den ehrenamtlichen Bevölkerungsschutz ist aufgrund der DGSVO nicht zulässig.

DIN ISO EN 22319

Die Erfahrungen der letzten zwei Jahre haben die Aussagen der DIN als nicht praktikabel erwiesen. Besonders die Ereignisse im Ahrtal 2021 zeigten, dass eine Übertragung der Koordinierung von Spontanhelfenden auf eine Organisation bei großen Schadenlagen weder zielführend noch durchführbar ist. Wenn keine parallele Führungsstrukturen etabliert werden sollen – wovor in der Führungstheorie allgemein abgeraten wird –, ist die Zuweisung der Spontanhelfenden zu aufgaben- und ortsbezogenen Führungsstrukturen der BOS (Führen durch Auftrag, vgl. Kapitel 6, und Einbindung durch Motivation, vgl. Kapitel 7.2) unumgänglich.

Takeaway:
Die DIN ISO EN 22319 ist für die Nutzung deutscher Gefahrenabwehrbehörden aufgrund der rechtlichen Rahmenbedingungen nur bedingt anwendbar. Die Checkliste im Anhang kann für die eigene Planung als Anregung aber durchaus genutzt werden.

11 Empfehlungen der Organisationen im Bevölkerungsschutz

11.1 Empfehlung des Deutschen Feuerwehrverbandes

Der Deutsche Feuerwehrverband als größter Interessenverband von Angehörigen einer BOS hat 2014 unter dem Titel: »Die Integration von Spontanhelferinnen und Spontanhelfern in den Katastrophenschutz« Empfehlungen publiziert. Die wesentlichen Hinweise sind die folgenden:

1. Einsatzgrenzen für Spontanhelfende
- Ein Einsatz unter latenter und akuter Lebensgefahr darf nicht erfolgen.
- Ein Einsatz ist ohne erforderliche Einweisung nicht möglich.
- Ein Einsatz ist ohne Schutzausrüstung oder spezielle Ausrüstung nicht möglich.
- Ein Einsatz, der feuerwehrtechnisches Grundwissen erfordert, darf nicht von Spontanhelfenden durchgeführt werden.
- Einsatztaktisch kontraproduktive Tätigkeiten müssen vermieden werden.

2. Tätigkeitsbeispiele für Spontanhelfende
- Aufräumarbeiten im Nachgang an ein Unwetter-, Hochwasser- und Erdbebenereignis,
- Bau von Einhausungen,
- Deichschutz,
- Versorgung Betroffener, der Einsatzkräfte und anderer Spontanhelfende mit Nahrungsmitteln und Getränken,
- Sammeln und Verteilen von Hilfsgütern.

3. Organisationsbedarf von Spontanhelfenden
- Es muss eine Koordination, Einweisung und Führung der Helfer:innen erfolgen.
- Die Einbindung von Spontanhelfenden muss intern kommuniziert werden.
- Es muss eine Kommunikation mit den (vororganisierten/vorregistrierten) Spontanhelfenden, zum Beispiel über die Sozialen Medien, stattfinden.
- Es muss ein Bereitstellungsraum eingerichtet werden.

- Parkplätze, gegebenenfalls Fahrdienst, müssen bereitgestellt werden.
- Es muss eine ausreichende Verfügbarkeit von Sanitäranlagen sichergestellt werden.
- Es muss eine Verpflegung, gegebenenfalls Unterbringung, gegebenenfalls angemessene Kleidung zur Verfügung gestellt werden.

4. Öffentlichkeitsarbeit
- Soziale Medien sollten genutzt, Zuständigkeiten und Schnittstellen zum Einsatzdienst geschaffen werden.
- Ein eigener Auftritt in den Sozialen Medien sollte in Erwägung gezogen werden.
- Feuerwehren sollten Kooperationen mit vernetzten Helfer:innen (Initiativen/Gruppen) eingehen.
- Abläufe und Entscheidungen müssen den engagierten Helfer:innen vermittelt bzw. erklärt werden.

Merke:
Alle veröffentlichten Empfehlungen berücksichtigen noch nicht die Erfahrungen aus der Flutkatastrophe 2021.

Die Ereignisse der Flutkatastrophe in Westdeutschland 2021 widerlegen einige Empfehlungen des DFV. Diese spiegeln den damaligen Zeitgeist wider, dass Spontanhelfende im Wesentlichen nur für Tätigkeiten eingesetzt werden sollen, die eine nicht so hohe Qualifikation benötigen. Es zeigte sich allerdings im Ahrtal, dass viele Spontanhelfende Qualifikationen besaßen, die bei den BOS nicht oder nicht in der Qualität vorhanden waren. Die Spontanhelfenden werden in diesen Empfehlungen noch nicht als Partner:innen auf Augenhöhe betrachtet. Trotzdem bietet die Empfehlung wichtige Hinweise für die Einbindung von Spontanhelfenden in die behördliche Gefahrenabwehr.

11.2 Deutsches Rotes Kreuz

Das DRK hat in seinen Schriften der Sicherheitsforschung 2016 drei Bände zum Themenkomplex Spontanhelfende, die das DRK »ungebundene HelferInnen« nennt, veröffentlicht (DRK 2016):

11.2 Deutsches Rotes Kreuz

- Die Rolle von ungebundenen HelferInnen bei der Bewältigung von Schadensereignissen – Teil 1 – Untersuchung am Beispiel Hochwasser 2013 in Sachsen
- Die Rolle von ungebundenen HelferInnen bei der Bewältigung von Schadensereignissen – Teil 2 – Die Perspektive der DRK- Einsatz und Führungskräfte
- Die Rolle von ungebundenen HelferInnen bei der Bewältigung von Schadensereignissen – Teil 3 – Handlungs- und Umsetzungsempfehlungen für den Einsatz ungebundener HelferInnen

Für das Thema dieses Buches ist der Teil 3 entscheidend, weshalb nur dieser hier näher betrachtet werden soll.

Zur Vorbereitung der Einbindung von Spontanhelfenden empfiehlt das DRK folgende Maßnahmen:

Benennung eines Freiwilligenmanagers
Diese Person ist verantwortlich für die Vorbereitung der Einbindung der Spontanhelfenden. Im Einsatz übernimmt sie die Koordination, Einbindung, Betreuung und alle anderen Angelegenheiten in Verbindung mit Spontanhelfenden.

Ausbildung der Führungskräfte
Im Forschungsprojekt ENSURE wurde versucht, für die unterschiedlichen Einsatzkräfte einer Berufsfeuerwehr (mittlerer gehobener und höherer Dienst) Ausbildungsmodule zu entwickeln (Berliner Feuerwehr 2016). Ein wichtiges Ergebnis ist, dass nach einer Grundausbildung eine ständige Fortbildung notwendig ist.

Einrichtung einer TEAM-Struktur auf Landesverbandsebene
Einige Landesverbände haben in Zusammenarbeit mit Radiosendern sogenannte TEAMS (z. B. Team M-V) gegründet. Auf einer Internetplattform kann sich jede Person registrieren lassen und wird im Bedarfsfall angefragt, ob sie helfen möchte (vgl. auch Kapitel 12.2).

Vorhalten nützlicher Materialien
Registrierungsformulare, Selbsterklärungen zum Datenschutz sowie ein Verhaltenskodex etc. sollten in ausreichender Anzahl vorgehalten werden.

11 Empfehlungen der Organisationen im Bevölkerungsschutz

Wie die Mehrzahl der Empfehlungen der unterschiedlichen Organisationen beginnt auch das DRK mit der Frage, ob Spontanhelfende überhaupt eingebunden werden sollen oder nicht. Dazu schlägt das DRK folgende Fragen als Entscheidungshilfen vor:

- Welche Aufgaben haben Rotkreuzhelfer zu erfüllen?
- Sind darunter Tätigkeiten, die auch von Personen ohne Spezialwissen übernommen werden können? Welche?
- Welche Risiken entstehen für Spontanhelfende bei der Ausübung dieser Tätigkeiten? Sind diese Risiken vertretbar? Wie können Spontanhelfende darauf vorbereitet werden?
- Haben die Einsatzkräfte des DRK die Kapazitäten, Spontanhelfende zu koordinieren?
- In welcher Phase des Einsatzes kann das DRK die Unterstützung durch Spontanhelfende gebrauchen?

Besonders reflektiert das DRK auf deren originären Aufgaben (wie z. B. Betreuung), die sehr gut geeignet sind, um Spontanhelfende einzubinden. Folgende Beispiele werden angegeben:

- Ehrenamtliche und Spontanhelfende verpflegen: Getränke und Speisen zubereiten und verteilen.
- Die Registrierung von Betroffenen unterstützen.
- Bei Evakuierungen helfen.
- Evakuierten moralisch zur Seite stehen: Die Betroffenen unterhalten und von der Situation ablenken.
- Notunterkünfte aufbauen.
- Sandsäcke füllen und verbauen.
- Schnee räumen.
- Spezifische – pädagogische, psychologische, sprachliche, organisatorische, logistische – Kenntnisse bei Bedarf zur Verfügung stellen.
- Nachfolgende Spontanhelfende informieren und koordinieren.

Die DRK-Empfehlungen sehen als Einsatzgrenzen die »klassischen Einsätze, wie ein Massenanfall von Verletzten« (sic!) vor. Bei solchen Einsätzen sollte der Zutritt von Spontanhelfenden zum Einsatzort unterbunden werden. Das DRK empfiehlt, den Spontanhelfenden Ansprechpartner:innen – ggf. zusammen mit den kommunalen Verantwortungsträgern – anzubieten. Ein Schwerpunkt bildet der Aufruf zur Zusammenarbeit. In diesem Zusammenhang empfiehlt das DRK:

11.2 Deutsches Rotes Kreuz

Überblick verschaffen
- Welche Bürgerinitiativen bestehen vor Ort? Vielerorts existieren beispielsweise Facebook-Gruppen, in denen Bürger:innen sich gegenseitig über Möglichkeiten informieren, sich zu engagieren.
- Kontaktaufnahme zu diesen Gruppen: Hinweis auf die Vorteile einer Zusammenarbeit (rechtliche Absicherung durch eine Registrierung beim DRK, erleichterte Koordination).
- Akzeptanz, wenn manche Gruppen lieber eigenständig arbeiten.
- Neben der Einbindung ist auch eine Kooperation mit Spontanhelfenden möglich.

Öffentlichkeitsarbeit
- mittels Informationsbriefe für die umliegende Wohngegend,
- ggf. Durchführung von Informationsveranstaltung in Absprache mit den Verantwortlichen,
- Koordinierungstreffen mit interessierten Gruppierungen bzgl. der Übernahme von Aufgaben in Kooperation mit dem Roten Kreuz,
- Aufruf, sich als Spontanhelfender zu melden,
- Erstellen eigener Social Media-Accounts, wenn noch keine vorhanden sind,
- Frage: Wird mit den vorhandenen Kanälen die Zielgruppe erreicht?
- Vernetzen mit relevanten Akteur:innen,
- Kontaktdaten der Ansprechperson kommunizieren,
- Veröffentlichung eines Aufrufs, sich bei der Ansprechperson zu melden,
- Kommunizieren von fehlenden Qualifikationen,
- One Voice Policy in der Kommunikation beachten.

Das DRK weist darauf hin, dass die Social Media ein wesentliches Kommunikationsmittel bei der Ansprache von Spontanhelfenden darstellen. Es spricht sich auch dafür aus, »Welcome Center« zu etablieren, in der die Spontanhelfenden registriert werden können. Folgende Informationen sollten laut dem DRK erfasst werden:
- Name,
- Adresse,
- Telefon-/Handynummer,
- E-Mail-Adresse,
- Geburtsdatum,
- ggf. Krankenkasse,
- zeitliche Verfügbarkeit,

- Fertigkeiten/Sprachkenntnisse,
- erlernter Beruf, Ausbildung/Zertifikate,
- Interesse an bestimmten Aufgaben,
- Unterschrift zur Erklärung, in die Gesamtliste als Helfer:in aufgenommen zu werden.

Spontanhelfende sind adäquat in die DRK-Einsatzstruktur aufzunehmen. Hierbei ist Folgendes zu beachten:
- Fachbegriffe sparsam verwenden und ggf. erklären.
- Einen freundlichen, respektvollen Umgangston gegenüber Ehrenamtlichen und Spontanhelfenden pflegen.
- Anerkennung aussprechen.
- Neue Helfer:innen herumführen, vorstellen.
- Ein tägliches Teamtreffen mit allen Helfer:innen ansetzen.
- Feedback und Mitbestimmung ermöglichen.
- Entscheidungen erläutern, speziell wenn Spontanhelfende bestimmte Aufgaben nicht wahrnehmen sollen.
- Informationskarten mit den wichtigsten Informationen verteilen.

Aus den Ergebnissen des Cobacore Forschungsprojektes werden Empfehlungen für die Eigenschaften von Verbindungspersonen aufgestellt. Diese sollten:
- empathisch sein,
- über soziale Kompetenz verfügen,
- Kenntnisse der Strukturen der zuständigen Behörden und Organisationen haben,
- die Fähigkeit besitzen, Wissen und Informationen an die Bevölkerung zu vermitteln,
- Entscheidungsfähigkeit haben,
- Wissen über die jeweilige Region einbringen können,
- durchgängig erreichbar sein,
- sich durchsetzen können,
- Überzeugungskraft/Souveränität ausstrahlen und
- über Erfahrung als Führungskraft in einer BOS verfügen.

Da mit den Kapazitäten der Spontanhelfenden nicht geplant werden kann, ist eine entsprechende Flexibilität bei der Einsatzplanung erforderlich. Dies kann u. U. zu Problemen bei der Einhaltung von DRK-internen Standards führen, die Einhaltung der Ziele dieser Standards darf aber nicht aufgegeben werden. Um diese Ziele zu erreichen, müssen ggf. andere Wege gefunden werden. Nach dem Einsatz soll dieser besonders unter dem Aspekt der Einbindung von Spontanhelfenden evaluiert werden.

Anmerkungen

Die Empfehlungen wurden vor den Erfahrungen mit der Pandemie 2020ff und der Flutkatastrophe im Westen Deutschlands 2021 erstellt. Dies ist bei der Bewertung zu berücksichtigen. Mit den heutigen Erfahrungen ist folgendes anzumerken:

- Das Wording ist etwas unglücklich. Es ist zu sehr organisationsfokussiert und richtet sich nicht auf die Bedürfnisse der Betroffenen (vgl. dazu Lessig et al. 2019).
- Die Frage, ob Spontanhelfende eingesetzt werden oder nicht, stellt sich nicht. Sie treten auf und sie sind einzubinden.
- Die Einsatzbeispiele reflektieren Unterstützungsaufgaben für die BOS und Tätigkeiten außerhalb der Gefahrenbereiche.

Letzter Punkt wird auch bei der Beschreibung der Einsatzgrenzen von Spontanhelfenden deutlich. Diese sollten gerade aufgrund der Ereignisse während der Flut 2021 im Westen Deutschlands geändert werden. Der Vorschlag zur Registrierung ist bezüglich der datenschutzrechtlichen Vorgaben kritisch zu betrachten. Es dürfen nur Daten erfasst, verarbeitet und gespeichert werden, die für die Erfüllung der gesetzlichen Aufgabe unbedingt erforderlich sind.

11.3 Malteser

Die Malteser haben sich am Forschungsprojekt WuKAS (siehe Kapitel 8.4) beteiligt und die dort erarbeiteten Empfehlungen bezüglich des Arbeitsschutzes von Spontanhelfenden veröffentlicht. Neben dem »Leitfaden für den sicheren Einsatz von Spontanhelfenden« haben die Malteser auch eine Taschenkarte »Sicherer Umgang mit Spontanhelfenden« mit den wichtigsten Punkten sowie eine »Safety Card« in Poster Format zur Unterweisung mit Piktogrammen und Handlungshilfen für Spontanhelfende veröffentlicht.

Der Leitfaden beinhaltet drei Teile:
- Verfahrensanleitung für Stäbe,
- Entscheidungsunterstützung für Führungskräfte,
- Safety Card für Spontanhelfende.

In ihm finden sich eine Reihe von Checklisten, Entscheidungshilfen etc. für die Einbindung von Spontanhelfenden. Im Fokus steht die permanente Risikoanalyse. Auch diese Papiere konnten die Erfahrungen aus der Flutkatastrophe 2021 in Westdeutschland noch nicht berücksichtigen. Deshalb gilt auch hier, dass in den Anmerkungen zum DRK gesagte entsprechend.

11.4 THW

Das THW hat sich an Forschungsprojekten, z. B. REBEKA, zum Themenbereich Spontanhelfende beteiligt. Darüber hinaus hat es mit einigen virtuellen Spontanhelfenden der Deutschen Gesellschaft für Social Media und Technologie im Bevölkerungsschutz e. V. (DGSMTech e. V.) ein organisationseigenes Virtual Operations Support Team (VOST) aufgestellt. Die Idee hat sich zwischenzeitlich auch in Deutschland ausgebreitet. So zeigten die VOST des THW und des Landes Baden-Württemberg während der Flutkatastrophe 2021 ihre Fähigkeiten. In ersten Evaluationen für NRW wird ein VOST für jede Bezirksregierung gefordert.

12 Unterstützende Maßnahmen

12.1 Nutzung von Social Media

Für Spontanhelfende stellen die Social Media das wichtigste Kommunikationsmittel zur Aktivierung und Organisation dar (vgl. BBK 2016). Zu beachten ist, dass Spontanhelfende sich zur Hilfe motivieren, wenn sie in den (sozialen) Medien sehen, dass die etablierten Organisationen – besonders die Gefahrenabwehrbehörden – nicht in der Lage sind, die Krise adäquat zu meistern. Und dies ist heute bei jeder Krise, bei jedem Einsatz der Fall. Mittels der allgegenwärtigen Smartphones mit ihren Kameras und dem mobilen Internetzugang werden immer Bilder von einer Krise im Netz kursieren, die vor dem Eintreffen der Gefahrenabwehrbehörden aufgenommen wurden, egal wie schnell diese auch immer reagiert haben.

Jede Gefahrenabwehrbehörde muss also davon ausgehen, dass unmittelbar nachdem sie von einer Krise erfahren und ihr Potenzial aktiviert hat, bereits die ersten Aufrufe zur Spontanhilfe im Netz verbreitet werden. So sollte eine der ersten Maßnahmen sein, die Social Media zu monitoren. Wenn die Spontanhelfenden über die Tätigkeiten und die Reaktionszeiten der Gefahrenabwehrbehörden informiert werden und sie gewiss sein können, dass ihre Interessen entsprechend berücksichtigt werden, kann dies den Druck auf die Behörden mindern. Für den Informationsaustausch kann z. B. ein »Runder Tisch Resilienz« in den Kommunen errichtet werden (siehe Kapitel 12.3).

Tipp:
Bauen Sie eine Social Media-Kompetenz in Ihrem Zuständigkeitsbereich auf, die umgehend und 24/7 das operative Krisenmanagement unterstützen kann.

Mittels des Social Media-Monitoring wird die allgemeine Lageerfassung ergänzt. Neben Informationen zum Schadensausmaß lassen sich auch wichtige Erkenntnisse zur psychologischen Lage der gesamten Bevölkerung wie auch von speziellen Gruppen erfassen. Solange keine Werkzeuge der künstlichen Intelligenz dieses Monitoring übernehmen, muss auf eine größere Anzahl von Personen zurückgegriffen werden. Die verschiedenen VOST in Deutschland stellen kompetente und erfahrende Personen zur Auswertung der Social Media zur Verfügung, die mittels Amtshilfe von jeder Gefahrenabwehrbehörde eingesetzt werden können.

Sobald die zuständige Gefahrenabwehrbehörde die Kommunikationskanäle der Spontanhelfenden erkannt hat, sollte sie diese ebenfalls nutzen, um die Spontanhelfenden zu einem gemeinsamen Vorgehen animieren zu können. Gleichzeitig sollte sie auch auf den eigenen Kanälen potenzielle Spontanhelfende ansprechen. Es ist wichtig, dass die Gefahrenabwehrbehörde die Deutungshoheit erringt und behält (siehe Kapitel 7.1). Wenn sie als vertrauenswürdiger Informationsbroker in der Krise angesehen wird, werden die meisten Menschen auch mit ihr vertrauensvoll zusammenarbeiten. Was passiert, wenn die Behörden die Deutungshoheit nicht besitzen, kann bis heute in der Covid-19-Pandemie vielfach beobachtet werden.

Solange in Deutschland kein Warnsystem existiert, das sicher die große Mehrzahl der Menschen erreicht und mit Verhaltenshinweisen versorgt, müssen alle Kommunikationskanäle genutzt werden, auch die der Social Media. Allerdings ist mittels Layouts und Sprache deutlich zu machen, dass es sich hierbei um eine amtliche Warnung handelt, die einen ganz anderen Charakter besitzt als Informationen zu Hilfsmöglichkeiten.

Die Social Media sind auch ein sehr wichtiges Werkzeug der internen Kommunikation der BOS. So sollten die Helfer:innen aktuelle und korrekte Informationen von ihren Führungsgremien bekommen und nicht von Externen. Nur so lässt sich vermeiden, dass Gerüchte, Fake News und Verschwörungstheorien (»Die Talsperre bricht«) die Helfer:innen negativ beeinflussen und u. U. den Einsatz zum Scheitern bringen.

Um nicht der Lage hinterher zu laufen, sollten die Social Media-Kanäle der Gefahrenabwehrbehörde schon vor der Krise bei möglichst vielen Akteur:innen bekannt sein. Das bedeutet, dass die Krisenkommunikation schon weit vor dem Eintritt der Krise beginnen muss. Diese Krisenkommunikation sollte ohne weitere Ziele (»Information ohne Hintergedanken«) erfolgen. So sollte dort nicht Werbung für die ehrenamtlichen Katastrophenschutzorganisationen verbreitet werden.[4] Entscheidend bei jeder Kommunikation mittels Social Media ist die Reaktionsgeschwindigkeit. In Social Media müssen die Gefahrenabwehrbehörden sehr schnell agieren und reagieren. Andernfalls verlieren sie die Menschen und somit auch die Spontanhelfenden, weshalb die internen Entscheidungswege entsprechend auszulegen sind. Die notwendige Geschwindigkeit lässt sich nur erreichen, wenn weitreichend die Führung mit Auftrag angewendet wird. Weitreichende Delegation ist unabdingbar. Dies bedarf ein entsprechendes Vertrauen der Entscheidungsträger (i. d. R. der

---

4 Diese Empfehlung widerspricht den Veröffentlichungen der Behörden, z. B. dem BBK und vielen Forschungsprojekten.

HvB) zu den Mitarbeiter:innen in den Stäben, die diese Aufgabe wahrnehmen. Dieses Vertrauen muss vor der Krise z. B. durch gemeinsame Übungen aufgebaut werden.

Abschließend soll noch darauf hingewiesen werden, dass bei der Nutzung der Social Media alle gesetzlichen Vorgaben zu beachten sind, besonders der Datenschutz. So dürfen von den Gefahrenabwehrbehörden nur solche Daten erfasst, verarbeitet und zeitlich begrenzt gespeichert werden, die öffentlich zugänglich oder für die Ausführung eines gesetzlichen Auftrages erforderlich sind. Gerade der letzte Punkt dürfte während der Krisenbewältigungsphase gelten.

Literaturtipp:

Michael Lülf/Ramian Fathi (Hrsg.): Soziale Medien in der Gefahrenabwehr, Verlag W. Kohlhammer GmbH, 2023.

12.2 Mittlerorganisationen

In der DIN ISO EN 22319 (siehe Kapitel 10) und in Forschungsprojekten (siehe Kapitel 13) wurde und wird vorgeschlagen, die Koordinierung von Spontanhelfenden an sogenannte Mittlerorganisationen outzusourcen. Diese wird offiziell von der Gefahrenabwehrbehörde benannt und erhält somit den Status des Verwaltungshelfers (siehe Kapitel 8.1). Die Mittlerorganisation soll die Registrierung der Spontanhelfenden durchführen, deren Kompetenzen und mitgebrachte Ressourcen beurteilen und zwischen deren Angeboten und der Nachfrage der behördlichen Gefahrenabwehr vermitteln. Um die Kommunikation sicherzustellen, wird vielfach empfohlen, einen Vertreter der Mittlerorganisation in die Führungsgremien der Behörden zu entsenden.

Achtung:

Führungsstrukturen des Katastrophenschutzes und des Krisenmanagements sind so einfach wie möglich aufzubauen.

12   Unterstützende Maßnahmen

Entsprechend der Schulungsunterlage der Universität Stuttgart (siehe Forschungsprojekt KOKOS) ist eine Mittlerorganisation ein freiwilliger Zusammenschluss zivilgesellschaftlicher Personen, die die Zivilgesellschaft in die Gefahrenabwehr der BOS einbindet. Die Mittlerorganisation...

- kann nur für eine Schadenlage oder längerfristig erfolgen und existiert unabhängig von ihren Mitgliedern.
- kann ein Verein sein (muss aber nicht).
- ist offiziell von der zuständigen unteren Katastrophenschutzbehörde anerkannt.

In dieser Lehrunterlagen werden folgende Arten von Mittlerorganisationen als Beispiele unterschieden:

- Mittlerorganisationen, die sich aus Spontanhelfenden vor Ort bilden.
- Gesellschaftliche Gruppen, wie Vereine, Verbände, Unternehmen.
- Mittlerorganisationen, die sich zu diesem Zweck schon vor der Krise gebildet haben.

Daneben wurden auch im THW und in Hilfsorganisationen Diskussionen geführt, inwieweit man die Aufgaben einer Mittlerorganisation wahrnehmen kann.

Entsprechend den Empfehlungen, die im Forschungsprojekt Unterstützung der Kooperation mit freiwilligen Helfern in komplexen Einsatzlagen (KOKOS) erarbeitet wurden, sollte ein Mitglied der Mittlerorganisation in die Lagebesprechungen bzw. die Stabsarbeit eingebunden werden, was die Anzahl der Personen in einem Stab weiter erhöht. Es sollten auch konkrete Ansprechpartner:innen auf beiden Seiten benannt werden. Im Stab sollte dies ein/eine Fachberater:in sein. Die Mittlerorganisation sollte informiert werden über

- die Einsatzplanung der Gefahrenabwehrbehörden.
- die Anzahl an anderen Akteur:innen, die beteiligt sein werden.
- die Aufgaben, welche von Spontanhelfenden wahrgenommen werden können und welche nicht.
- die bestehenden Gefahren.
- die Vorgehensweise, wie mit der Öffentlichkeit zu kommunizieren ist.
- die rechtlichen Aspekte, welche zu beachten sind.
- die Möglichkeiten, wo Spontanhelfende Unterstützung (z. B. PSNV) erhalten können.

12.2 Mittlerorganisationen

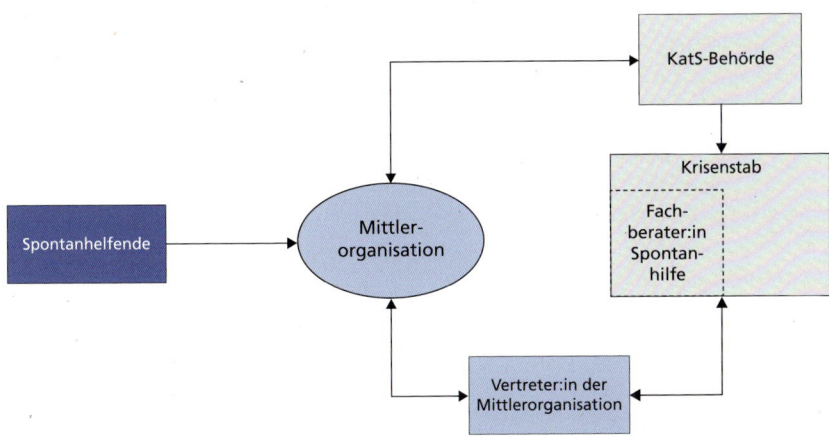

Bild 24: *Zusammenarbeit Krisenstab der KatS-Behörde – Mittlerorganisation entsprechend den Empfehlungen aus dem Forschungsprojekt KOKOS*

Die Empfehlungen verdeutlichen m. E. zwei falsche Grundannahmen:
1. Die Gefahrenabwehrorganisationen sollten die Spontanhelfenden nicht in ihre Bewältigungsbemühungen einbinden, sondern sie auf deren eigenes »Spielfeld« abschieben.
2. Die Spontanhelfenden unterstellen sich der Mittlerorganisation und werden von ihr geführt.

Gerade die ersten Erfahrungen aus dem Ahrtalhochwasser zeigen, dass die erste Annahme die erfolgreiche Bewältigung eher behindert als fördert und dass die zweite nicht der Realität entspricht. Spontanhelfende begeben sich vor Ort und organisieren sich selber.

Die Mittlerorganisation soll entsprechend KOKOS folgende Aufgaben wahrnehmen:
- Registrierung der Spontanhelfenden einschließlich Qualifikationen, Ressourcen und Fähigkeiten (Die Empfehlung Open Source Datenbanken zu nutzen, muss m. E. aufgrund datenschutzrechtlicher Bestimmungen kritisch gesehen werden.),
- Spenden on- und offline koordinieren, annehmen und weiterverteilen,
- Übernahme von speziellen Aufgaben (Wobei sie hierdurch neben der Mittlerfunktion auch aktiv in die Gefahrenbewältigung eingreift.),

- Adhoc-Schulung von Spontanhelfenden, Weitergabe von Informationen etc.,
- Dokumentation des Einsatzes von Spontanhelfenden.

Grundannahme dieser Überlegungen des KOKOS-Projektes ist, dass die Spontanhelfenden Mitglieder der Mittlerorganisation werden.

Durch die Einführung von Mittlerfunktionen wird eine Parallelstruktur erzeugt, die viel Ressourcen verschlingt, das Risiko von Friktionen zwischen BOS und Spontanhelfenden erzeugt und u. U. zu langsam handlungsfähig wird (siehe Bild 24). Die Ereignisse im Ahrtal 2021 haben zudem verdeutlicht, welche Herkulesaufgabe auf einer – oder mehreren – Mittlerfunktion(en) zukommen würde.

Der einzige Vorteil der Mittlerorganisation besteht darin, dass sich die Mitarbeiter:innen der behördlichen Gefahrenabwehr nicht bemühen müssen, lageangepasst mit Spontanhelfenden umzugehen. Dies wiegt m. E. die Nachteile, besonders der erhöhte Koordinierungsbedarf, bei weitem nicht auf.

12.3 »Runder Tisch Resilienz«

Vertrauen ist die wesentliche Ressource bei der Zusammenarbeit von Gefahrenabwehrbehörden und Spontanhelfenden. Vertrauen kann sich aber nur zwischen Menschen entwickeln, nicht zwischen Organisationen. Um vor die Lage zu kommen, sollte das Vertrauen schon vor der Krise zwischen den verschiedenen Akteur:innen aufgebaut werden. Dazu sollten sich die handelnden Akteur:inne kennen.

Da die Verantwortung für die Krisenbewältigung und den Katastrophenschutz in Deutschland bei den Kommunen (den Gemeinden und Landkreisen) liegt (siehe z. B. Karsten 2020), müssen sie den ersten Schritt auf die möglichen Spontanhelfenden zugehen. Eine Möglichkeit ist die Etablierung eines »Runden Tisches Resilienz«, zu dem alle eingeladen werden, der regelmäßig tagt und in dem diskutiert wird, wie auf zukünftige Krisenlagen reagiert werden kann. So wird sich ein Netzwerk lokaler Akteur:inne ausbilden. Da die Beteiligten ihrerseits Teile weiterer überörtlicher Netzwerke sind, bildet sich ein Netzwerk aus Netzwerken (vgl. Kapitel 3.4).

Merke:

Die Gründung eines »Runden Tisches Resilienz« ist die entscheidende Maßnahme, um für heutige und besonders zukünftige Herausforderungen des Bevölkerungsschutzes gewappnet zu sein.

12.3 »Runder Tisch Resilienz«

Diese Netzwerkstruktur kann dann in der Krisenbewältigung die Grundlage für die Einbindung aller Spontanhelfenden bieten. Daneben sind etwaige Ansprechpartner:innen für die Gefahrenabwehrbehörden schon persönlich bekannt, entsprechend dem Motto der Bundesakademie für Sicherheitspolitik: »In Krisen Köpfe kennen!«

Takeaway:

Die Nutzung von Social Media ist für die erfolgreiche Einbindung von Spontanhelfenden unabdingbar. Um nicht unaufholbar hinter die Lage zu kommen, müssen die Gefahrenabwehrbehörden bereits in Nichtkrisenzeiten entsprechend Social Media nutzen und so Kommunikationskanäle zu etwaigen zukünftigen Spontanhelfenden etablieren und stärken.

Die Einbindung von Mittlerorganisationen bläht die Führungsorganisation unnötig auf. Es wird eine Parallelstruktur zur Führungsstruktur der BOS etabliert, die mehr Nach- als Vorteile bringt.

Um mit etwaigen zukünftigen Spontanhelfenden aus der Region in Kontakt zu treten und um die Grundlage für eine agile, situationsangepasste Krisenorganisation – ein Netzwerk aus Netzwerken – zu schaffen, sollte in der Kommune ein »Runder Tisch Resilienz« durch die Gefahrenabwehrbehörden etabliert werden.

13   Forschungsprojekte

Die Projekte bezüglich Spontanhelfenden zielen hauptsächlich auf drei Forschungsbereiche ab:
1. Entwicklung von IT-Systemen, um bessere Kommunikationsmöglichkeiten mit den Spontanhelfenden zu schaffen und diese besser durch die Gefahrenabwehrbehörden disponierbar zu machen: Datenbanken mit Eingabemasken für die Fremdregistrierung bzw. Apps zur Selbstregistrierung und für einen Datenaustausch zu Leitstellen- und Stabssoftwaren zwecks Nutzung der Daten für die Einsatzplanung.
2. Untersuchung der Motivation zur Spontanhilfe.
3. Entwicklung von Organisationsmodellen zur Einbindung der Spontanhelfenden in die behördliche Gefahrenabwehr.

Das Forschungsprojekt REBEKA entwickelte Checklisten, mit deren Hilfe Tätigkeiten identifiziert werden sollen, die Spontanhelfenden übertragen werden können. Mittels einer Ampelbewertung werden die Tätigkeiten klassifiziert:
- Grün: einfach, durch kurze Unterweisung durchführbar,
- Gelb: Fachausbildung notwendig,
- Rot: komplexe Tätigkeiten bzw. im unmittelbaren Gefahrenbereich.

Diese Checklisten berücksichtigen nicht, dass es Spontanhelfende gibt, die für manche Tätigkeiten besser qualifiziert sind als die Einsatzkräfte der BOS (z. B. Industrietaucher, Industriekletterer, Dachdecker, Zimmerleute, Elektriker usw.).

Die Erfahrungen mit Apps und anderen IT-Lösungen für den Bevölkerungsschutz in den letzten Jahren zeigen, dass in Krisensituationen, in denen Menschen – auch die Spontanhelfenden – unter besonders hohen Stress stehen, möglichst auf Alltagslösungen zurückgegriffen werden sollte. Deshalb ist für die Kommunikation mit den Spontanhelfenden, die zum Zeit der Krise angesagten Social Media zu nutzen (Instagram, Twitter, Facebook etc.). Was gerade angesagt ist, schwankt aufgrund örtlicher Besonderheiten und der Altersstruktur der Nutzer:innen erheblich. Ein entsprechendes Monitoring im Vorfeld der Krisen ist deshalb unabdingbar.

Merke:
Es gab und gibt eine Vielzahl von Forschungen zu dem Phänomen der Spontanhelfenden.

Die Motivation von Spontanhelfenden lässt sich m. E. recht allgemein formulieren: Sobald der Staat in einer Krisensituation subjektiv gesehen nicht adäquat den Betroffenen hilft, muss mit einer größeren Anzahl von Spontanhelfenden gerechnet werden. Die Motivation einer einzelnen Person ist für die Gefahrenabwehrbehörden irrelevant.

Mit der FwDV/DV 100 verfügt der deutsche Bevölkerungsschutz über ein agiles Führungssystem. Dieses Führungssystem hat sich bei kleineren und mittleren Einsätzen sehr bewährt. Einsatzkräfte der BOS nutzen dieses Führungssystem tagtäglich – es ist ihnen in Fleisch und Blut übergegangen. In den seltenen Fällen großer Katastrophen eine andere Organisationsform einzuführen, ist mindestens fahrlässig. Außerdem gibt es keinen Anhaltspunkt, dass mittels der FwDV/DV 100 Spontanhelfende nicht in die behördliche Gefahrenabwehr eingebunden werden können. Mangelnde Aus- und Fortbildung sowie Erfahrung der Führungskräften bzgl. großer Einsatzlagen in Deutschland, bei denen Spontanhelfende in größerer Anzahl Hilfe leisteten, spricht nicht gegen das Führungsprinzip der FwDV/DV 100. Im Folgenden sollen nun einige exemplarische Forschungsprojekte, die sich mit dem Thema Spontanhelfende beschäftigen, näher betrachtet werden.

13 Forschungsprojekte

Automatisiertes Helferangebot bei Großschadensereignissen (AHA)
Im Fokus dieses Projektes lag die Koordination freiwilliger Helfer:

»Im Forschungsvorhaben AHA wurde dazu eine Smartphone-App entwickelt, mit der ungebundene Helfer und technische Geräte aus dem Kreis der Bevölkerung erfasst, überprüft und bei Bedarf direkt über das Leitstellensystem eingebunden werden können.«
(BMBF o. A.)

Tabelle 2: *AHA*

Projektpartner	Projektlaufzeit	Ergebnisse
• Hochschule Ruhr West, Campus Bottrop • Stadt Dortmund • CKS Systems GmbH • Fachhochschule für öffentliche Verwaltung Nordrhein-Westfalen (FHföV NRW), Duisburg • Universität Duisburg-Essen • Deutscher Feuerwehrverband e. V. • Verband der Feuerwehren in NRW e. V. • Klinikum Westfalen GmbH • Verband Wohneigentum NRW e. V.	08/2014 – 12/2017	• System zur Helferregistrierung und -koordinierung bei großflächigen Lagen (Orkan) • Eine Smartphone-App • Daten sind im Einsatzfall von Leitstelle zur Anforderung von Spontanhelfenden nutzbar • Sicht der BOS und der Spontanhelfenden wurde berücksichtigt • Ganzheitliches Datenschutzkonzept

13 Forschungsprojekte

Community-based Comprehensive Recovery (Cobacore)

Wesentliches Ergebnis des Forschungsprogrammes ist die Veröffentlichung von drei Bänden mit Tipps zur Einbindung von Spontanhelfenden in die Gefahrenabwehr des DRK.

»COBACORE« nimmt Bezug auf ›Bedarfsgerechte Integration Ehrenamtlicher‹ und ›Verbesserte Einbindung spontaner Hilfsangebote im Katastrophenschutz‹« (DRK o. A.).

Tabelle 3: *Cobacore*

Projektpartner	Projektlaufzeit	Ergebnisse

- Niederländische Organisation für Angewandte Naturwissenschaftliche Forschung
- Universität Ulster
- Niederländisches Rotes Kreuz
- Internationale Föderation der Rotkreuzgesellschaften
- Universität Tilburg
- Downey Hynes Partnership
- GeoPii
- Future Analytics Consultings Ltd
- Integra Sys SA
- Universität Žilina
	04/2013 – 03/2016	- Einbindung von Bürger:innen als wichtige Informations- und Fähigkeitsquelle
		- Schriftenreihe des DRK, Band I
		  – Teil 1: Die Perspektive der ungebundenen Helferinnen und Helfer
		  – Teil 2: Die Perspektive der DRK-Eisatz- und Führungskräfte
		  – Teil 3: Handlungs- und Umsetzungsempfehlungen für den Einsatz ungebundener HelferInnen

13 Forschungsprojekte

Driving Innovation in Criss Management for European Resilience (Driver+)
Im Zentrum der Forschungsarbeit stand das Krisenmanagement grenzüberschreitend in der EU zu verbessern.

»*DRIVER+ is a significant Pan-European effort to accelerate innovation in crisis management. To this end, the project has created a set of sustainable outputs for crisis management stakeholders*«
(driver+ o. A.)

Tabelle 4: *Driver+*

Projektpartner	Projektlaufzeit	Ergebnisse
- DLR - EU Joint Research Centre - Rotkreuz-Organisationen - Magen David AOM - Thales - DIN - Westfälische Wilhelms-Universität - UNISDR - Plus 31 weitere Partner	05/2014 – 10/2018	- Evaluierungsumgebung für Lösungen im Krisen- und Katastrophenschutz - Gemeinsames Verständnis über Krisenmanagement in Europa

13 Forschungsprojekte

Verbesserte Krisenbewältigung im urbanen Raum durch situationsbezogene Helferkonzepte und Warnsysteme (ENSURE)

Das Projekt ENSURE konzentrierte sich auf Helferkonzepte und Warnsysteme für urbane Räume. Dabei wurde u. a. die KATRETTER-App entwickelt.

»Diese Innovation ermöglicht es uns, die behandlungsfreie Zeit beim Herz-Kreislauf-Stillstand durch den Einsatz von Ersthelfern weiter zu verkürzen.«
(Ärztliche Leiter Rettungsdienst der Berliner Feuerwehr, Dr. Stefan Poloczek o. A.)

Tabelle 5: *ENSURE*

Projektpartner	Projekt-laufzeit	Ergebnisse
- Fraunhofer-Institut für offene Kommunikationssysteme - Freie Universität Berlin - DRK Generalsekretariat - Berliner Feuerwehr - Gesellschaft für Datenschutz und Datensicherheit e. V. - HFC Human Factors Consult GmbH - Risk-Management GmbH - Senatsverwaltung für Inneres und Sport Berlin - Behörde für Inneres und Sport Hamburg - AG Deutsche Verkehrsflughäfen - WISAG Facility Service Holding GmbH & Co KG	08/2013 – 12/2016	- Möglichkeit der Mobilisierung von fachkundigen Freiwilligen im Katastrophenschutz - Entwicklung einer App

13 Forschungsprojekte

Verringerung sozialer Vulnerabilität durch freiwilliges Engagement (INVOLVE)
INVOLVE analysierte die Bedingungen und entwickelte Konzepte, wie Spontanelfende gezielter angesprochen werden können.

»Die Arbeit von Freiwilligen ist ein wichtiger Stützpfeiler unserer Gesellschaft. Sie trägt wesentlich dazu bei, Katastrophen vorzubeugen oder zu bewältigen.«
(BMBF o. A.)

Tabelle 6: *INVOLVE*

Projektpartner	Projektlaufzeit	Ergebnisse
▪ Freie Universität Berlin ▪ Friedrich-Schiller-Universität Jena ▪ DRK ▪ Indian Institute of Science ▪ Institue of Directors Bangalore ▪ Institute for Social and economic Change Bangalore ▪ Directorate of Fore & Emergency Service, Home Guards, Civil Defence, Bangalore ▪ Indian Red Cross Society	01/2015 – 12/2018	▪ Konzepte zur gezielten Ansprache vom freiwilligen und ehrenamtlichen Engagement im Katastrophenschutz ▪ Vorschläge für Lehr- und Lernmaterialien zur Aus- und Fortbildung

13 Forschungsprojekte

Governance und Kommunikation im Krisenfall des Hochwasserereignisses Im Juli 2021 (HoWas2021)
Das Forschungsteam hat sich die Aufgabe gestellt, dass Hochwasser 2021 in Westdeutschland zu analysieren.

»Das Gesamtvorhaben hat zum Ziel, Risikovorhersagen, Krisenkommunikation und Katastrophenmanagement bei der Bewältigung von Extremwetterlagen zu verbessern.«
(FU Berlin, 2021)

Tabelle 7: *HoWas2021*

Projektpartner	Projektlaufzeit	Ziele
<ul><li>RWTH Aachen</li><li>Freie Universität Berlin</li><li>Universität Siegen</li><li>Deutsche Universität der Verwaltungswissenschaften Speyer</li><li>Universität Potsdam</li><li>BBK</li><li>THW</li><li>DWD</li><li>Landesamt für Umwelt RLP</li><li>Wasserverband Eifel-Rur</li><li>Emschergenossenschaft/Lippeverband</li></ul>	12/2021 – 05/2023	<ul><li>Auswertung des Handelns des Bevölkerungsschutzes sowie der Krisenkommunikation auf behördlicher Ebene als auch mit der betroffenen Bevölkerung</li><li>Handlungsempfehlungen für ein verbessertes Krisenmanagement und Krisenkommunikation</li></ul>

13 Forschungsprojekte

Kontexte von Pflege- und Hilfsbedürftigen stärken (KOPHIS)
Im Forschungsprojekt KOPHIS wurden Pflege- und Hilfsbedürftige Personen betrachtet, von denen 70 % zuhause gepflegt werden.

»*Die Analyse der Netzwerke und Kommunikationsstrukturen von privat betreuten pflege- und hilfsbedürftigen Personen wird zu neuen Konzepten führen, die die Versorgung auch in Krisen- und Katastrophenlagen sicherstellen.*«
(BMBF o. A.)

Tabelle 8: *KOPHIS*

Projektpartner	Projektlaufzeit	Ergebnisse
- DRK Berlin - Universität Stuttgart - Eberhard-Karls-Universität Tübingen - Freie Universität Berlin - ZTM Bad Kissingen GmbH - LKT NRW - Österreichisches Rotes Kreuz	02/2016 – 04/2019	- Aufbau von Netzwerken aus Behörden, Pflegeinfrastrukturen, Angehörigen und aktiven zivilgesellschaftlichen Akteur:innen - Ermittlung von Bedürfnissen betroffenen und betreuender Personen im Krisenfall - Konzepte für die Versorgung pflege- und hilfsbedürftiger Personen im Krisenfall - Entwicklung eines Demonstrators

13 Forschungsprojekte

Koordination ungebundener vor-Ort-Helfer zur Abwendung von Schadenslagen (KUBAS)

In KUBAS wurde die Möglichkeiten zur Koordination von Spontanhelfenden untersucht.

»Im Kern des Forschungsprojektes werden mögliche Schadensszenarien identifiziert, in denen die Einbindung (vieler) ungebundener Helfer vor Ort sinnvoll, zielführend und zulässig ist. Es werden Methoden erforscht, die eine bestmögliche Koordination der freiwilligen Helfer in unterschiedlichen Schadensszenarien mit unterschiedlichen Kommunikationsmöglichkeiten sicherstellen kann. Diese werden im innovativen KUBAS-System umgesetzt, das in bestehende Infrastrukturen (Einsatzleitsysteme, Endgeräte) integriert wird.«
(Uni Halle o. A.)

Tabelle 9: **KUBAS**

Projektpartner	Projektlaufzeit	Ergebnisse
- Martin-Luther Universität Halle-Wittenberg - Universität Regensburg - esri Deutschland - Stadt Halle an der Saale - ASB - THW - BBK - DRK Wasserwacht Halle - Institut für Brand- und Katastrophenschutz Heyrothsberge - JUH - Landesverwaltungsamt Sachsen-Anhalt - Ministerium für Inneres Sachsen-Anhalt - TÜV Rheinland - Freiwilligen-Agentur Haale-Saalkreis e. V. - Eurocommand GmbH	04/2016 – 10/2019	- Automatisierte Registrierung, Lokalisierung und Koordination von Freiwilligen - Einbindung in bestehende Einsatzführungssysteme - Nutzung mittels Smartphone - Entscheidungsunterstützungssystem zur automatisierten Verarbeitung von Hilfsangeboten und -bedarfen - Prognosetool unter Einbeziehung von Geo-Daten und Informationen aus den sozialen Netzwerken

13 Forschungsprojekte

Unterstützung der Kooperation mit freiwilligen Helfern in komplexen Einsatzlagen (KOKOS)

In KOKOS wurden neu IT-basierte Möglichkeiten zur Unterstützung von Behörden bei der Schadensbekämpfung untersucht.

»Die Jahrhundertflut in Ost- und Süddeutschland im Jahr 2013 oder die Orkane Kyrill in 2007 und Emma in 2008, welche im Westen Deutschlands eine Spur der Verwüstung hinterließen, haben offenbart, wie anfällig unsere Gesellschaft bei komplexen Schadensereignissen ist. In der verbesserten Zusammenarbeit zwischen Behörden, Unternehmen und der Bevölkerung liegt der Schlüssel zur optimaleren Reaktion auf solche Szenarien.«
(Uni Siegen o. A.)

Tabelle 10: **KOKOS**

Projektpartner	Projektlaufzeit	Ergebnisse
- Universität Siegen - Universität Stuttgart - VOMATEC Innovations GmbH - Ruatti Systems GmbH - Bundesarbeitsgemeinschaft der Freiwilligenagenturen - Bundesverband deutscher Vereine & Verbände - THW - ASB – LV S-H - Deutscher Evangelischer Kirchentag - muTiger Stiftung - LK Siegen-Wittgenstein - LK Olpe - Amt für Brand-, Katastrophenschutz und Rettungswesen Frankfurt a. M. - IHK Siegen	05/2015 – 09/2018	- Konzepte zur Einbeziehung der Öffentlichkeit als aktiven Partner ins Krisenmanagement - Handlungsleitfäden für BOS und Mittlerorganisationen - Ausbildungsinhalte - Soziale Plattform zum Austausch freiwilliger Helfer:innen - App

13 Forschungsprojekte

Praktiken und Kommunikation zur aktiven Schadensbewältigung (PRAKOS)
Das Forschungsziel von PRAKOS war es, zu untersuchen, welche Aspekte der Risikokultur zu einer effizienten Krisenbewältigung führen.

»*Das Wissen um spezifische Risikokulturtypen ermöglichte es, konkrete Handlungsanweisungen zu formulieren, die zur effektiven Bewältigung eines Großschadensfalles beitragen.*«
(BMBF o. A.)

Tabelle 11: *PRAKOS*

Projektpartner	Projektlaufzeit	Ergebnisse
- vfdb e.V. - Universität Kiel - Polizeiakademie Niedersachsen - Universität Hamburg - Universität der Bundeswehr München - THW	11/2014 – 12/2017	- Entwicklung unterschiedlicher Risikokulturtypen - Ableitung konkreter Handlungsanweisungen

13 Forschungsprojekte

Resilienz von Einsatzkräften bei eigener Betroffenheit in Krisenlagen (REBEKA)

In REBEKA wurde untersucht, welchen Einfluss die eigene Betroffenheit auf Eisatzkräfte hat.

»*Ein wesentlicher Punkt im Forschungsprojekt war die Analyse der Auswirkungen der eigenen Betroffenheit von Einsatzkräften. Parallel erfolgte eine Untersuchung organisatorischer, sozialer sowie psychologischer Aspekte. Daraus wurden Strukturen und Prozesse abgeleitet, mit denen insbesondere Ad-Hoc-Helfer zielgerichtet in die Krisenbewältigung integriert werden können.*«
(BMBF o. A.)

Tabelle 12: *REBEKA*

Projektpartner	Projektlaufzeit	Ergebnisse
- JUH - Technische Hochschule Wildau - Universität Stuttgart - Freie Universität Berlin - THW - Berufsfeuerwehr Görlitz	01/2016 – 03/2019	- Analyse der eigenen Betroffenheit von Einsatzkräften - Integration von Ad-Hoc-Helfer:innen - Strukturen und Prozesse zur zielgerichteten Integration von Ad-Hoc-Helfer:innen in die Krisenbewältigung - Handlungsempfehlungen - Übungs- und Schulungskonzepte

13 Forschungsprojekte

Resilienz von Einsatzkräften bei eigener Betroffenheit in Krisenlagen (RESIBES)

Ziel von RESIBES war es, ein Netzwerk aus Spontanhelfenden schon im Vorfeld von Krisensituationen zu etablieren.

»In RESIBES wurde ein Helfernetzwerk aufgebaut, das im Falle einer Krise oder Katastrophe schnell aktiviert und koordiniert eingesetzt werden kann. Privatpersonen, Unternehmen und Vereine können sich im Netzwerk als aktive oder passive Mitglieder registrieren. Im Krisenfall können Einsatzkräfte gezielte Anfragen an das Helfernetzwerk stellen.«
(BMBF o. A.)

Tabelle 13: *RESIBES*

Projektpartner	Projektlaufzeit	Ergebnisse
• DRK Frankfurt a. M. • Atos IT Solutions and Services GmbH • Universität Paderborn • Albert-Ludwigs-Universität Freiburg im Breisgau	02/2016 – 04/2019	• Aufbau eines Helfernetzwerkes aus Privatpersonen, Unternehmen und Vereinen • Nutzen der Helfer:innen • Smartphones als Sensorelement zur Lagebilddarstellung

13 Forschungsprojekte

Krisensimulation für die Zusammenarbeit von Einsatzkräften und Bevölkerung (TEAMWORK)

Im Mittelpunkt des Projektes stand die Entwicklung eines softwarebasierten Trainingssystems (Serious Gaming) für den Katastrophenschutz.

»*Das Trainingssystem wurde Einsatzkräften sowie freiwilligen Helferinnen und Helfern zur Verfügung gestellt, um die gemeinsame Bewältigung von bisher unbekannten Krisenereignissen zu trainieren.*«
(BMBF o. A.)

Tabelle 14: *TEAMWORK*

Projektpartner	Projektlaufzeit	Ergebnisse
- Universität Paderborn - Promotion Software GmbH - PRO DV AG - Stadt Dortmund - Kreis Paderborn - Universität der Bundeswehr München - THW - IdF NRW - Disaster Resilience Lab - DRK Generalsekretariat - DRK LV NRW	02/2016 – 01/2019	- Softwarebasiertes Trainingssystem für den Katstrophenschutz und freiwillige Helfer:innen - Simulationssoftware zur Modellierung von Umgebungsparameter und Verhalten von Menschen

13 Forschungsprojekte

Kooperativ organisierter Bevölkerungsschutz bei extremen Wetterlagen (VEREINT)

Basierend auf eine Gefährdungsanalyse für lokalauftretende Starkregen- und Hochwasserereignisse wurde ein Konzept zur Einbindung Spontanhelfender in die Gefahrenabwehr entwickelt.

»Dabei werden neue organisatorische Konzepte entwickelt und erprobt, um die zunehmende Anzahl von Extremwetterereignisse speziell im ländlichen Raum zu bewältigen.«
(TU Dresden o. A.)

Tabelle 15: *VEREINT*

Projektpartner	Projektlaufzeit	Ergebnisse
<ul><li>CIMTT Zentrum für Produktionstechnik und Organisation</li><li>Technische Universität Dresden</li><li>Stadt Glashütte</li><li>DRK KV Dippoldiswalde</li><li>THW OV Dippoldiswalde</li><li>Landratsamt Sächsische-Schweiz-Osterzgebirge</li><li>JUH RV Dresden</li><li>Landeshochwasserzentrum des Freistaates Sachsen</li><li>Landestalsperrenverwaltung des Freistaates Sachsen</li></ul>	2017 – 2019	<ul><li>Einbindung der Bevölkerung bei Katastrophen infolge von Starkregen- und Hochwasserereignissen</li><li>Analyse von Gefahrenhotspots</li><li>Informationsmaterialien</li><li>Erfassungstool für Schäden</li></ul>

13 Forschungsprojekte

Wissens- und Kompetenzvermittlung im Arbeits- und Gesundheitsschutz bei Spontanhelfern (WuKAS)
IN WUKAS wurde der Arbeits- und Gesundheitsschutz der Spontanhelfenden in den Mittelpunkt der Forschung gestellt.

»*Die Unversehrtheit der Spontanhelfer während ihres Einsatzes besitzt höchste Priorität. Damit Rettungsorganisationen Spontanhelfer sicher anleiten können, werden im Projekt WuKAS praxisgerechte Handlungsempfehlungen erarbeitet, um den Arbeits- und Gesundheitsschutz von Spontanhelfern im Einsatz zu gewährleisten.*«
(MBMF o. A.)

Tabelle 16: *WuKAS*

Projektpartner	Projektlaufzeit	Ergebnisse
<ul><li>MHD Generalsekretariat</li><li>Notfallvorsorge Köln</li><li>Bergische Universität Wuppertal</li><li>DGUV</li></ul>	02/2019 – 07/2021	<ul><li>Handlungsempfehlungen zur Gewährleistung des Arbeits- und Gesundheitsschutz beim Einsatz von Spontanhelfenden</li></ul>

13 Forschungsprojekte

Flood Resilience Alliance

Die Allianz ist eine multi-sektor Zusammenarbeit, um praktische Wege zu finden die Resilienz von Gesellschaften gegenüber Flutkatastrophen zu stärken.

»*Our vision is that floods have no negative impact on people's and business' ability to thrive.*«
(Flood Resilience Alliance o. A.)

Tabelle 17: Flood Resilience Alliance

Projektpartner	Projekt-laufzeit	Ergebnisse
- Zurich Flood Alliance Resilience Alliance - IFRC - London School of Econimcs and Political Science - Internationales Institut für Systemanalyse - ISET International - Zurich Versicherung	2021 – 2022	- Aufarbeitung der Ereignisse in Deutschland, den Niederlanden, Luxemburg und Belgien

Hinzu kommen noch weitere Forschungen, u. a.:
- Bergische Universität Wuppertal
- Technische Hochschule Köln
- Technische Universität Darmstadt
- Universität Osnabrück
- Akkon Hochschule Berlin
- FOM Hochschule
- RWTH Aachen

Takeaway:
Es gab und gibt eine Reihe von Forschungsprojekten, deren Zielrichtungen sich teilweise überlappen. Bei der Flutkatastrophe 2021 in Westdeutschland wurde kein Output eines Forschungsprogrammes in größeren Umfang genutzt. Dies lag zum einen daran, dass die Ergebnisse vielfach unbekannt waren und zum anderen oft nur Demonstratoren in den Forschungsprogrammen entwickelt wurden.

14 Aktuelle Einsatzerfahrungen

Die Flutkatastrophe 2021 sowie die Pandemie-Krise 2020 ff. stellen sowohl in Sachen Quantität der Spontanhelfenden wie auch der Qualität der wahrgenommen Aufgaben eine Zäsur da.

14.1 Covid-19-Pandemie 2020 ff.

Im Januar/Februar 2020 reisten Personen, die mit dem Covid-19-Virus infiziert waren, in Deutschland ein. Ein erster Ausbruch im Bereich München konnte von den Behörden isoliert werden. Spätestens mit dem Ausbruch der Krankheit in Heinsberg war die Lage in Deutschland jedoch außer Kontrolle geraten und die Behörden erließen umfangreiche Maßnahmen (u. a. erhebliche Einschränkung von Grundrechten), die teilweise bis ins Jahr 2022 andauern. Die gesamte Gesellschaft war von diesen Maßnahmen erheblich betroffen (siehe Karsten 2022).

Literaturtipp:

Andreas H. Karsten/Stefan Voßschmidt (Hrsg.): Resilienz und Pandemie. Handlungsempfehlungen anhand von Erfahrungen mit COVID-19, Verlag W. Kohlhammer GmbH, 2022.

Während der pandemiebedingten Lockdowns wurden bundesweit von Spontanhelfenden Einkaufshilfen mittels sozialen Medien im Internet, aber auch öffentlichen Anschlägen an Masten etc. angeboten und organisiert. Ein weiterer Schwerpunkt war die Unterstützung der nicht-EDV-affinen Menschen bei der Einrichtung von entsprechenden webbasierten Kommunikationstools, um den Kontakt zu Angehörigen und Freunden aufrechterhalten zu können. Dank der Spontanhelfenden konnte die psychischen Belastung durch Vereinsamung vieler Menschen zumindest verringert werden.

14.2 Flutkatastrohe 2021 im Westdeutschland

Am 14. Juli 2021 brachte das Tiefdruckgebiet »Bernd« erhebliche Niederschläge im Westen Deutschlands, die zu massiven Sturzfluten führten. Über 180 Menschenleben, mehrere hundert Verletzte und Sachschäden in bisher nicht zu beziffernden Ausmaß sind zu beklagen (bpb 2021). Die Zerstörung der Infrastruktur (Telekommunikation, Elektroversorgung, Trinkwasser, Abwasser, Gas, Brücken, Rettungsdienst, Brandschutz, medizinische Versorgung) erschwerte die Rettungsmaßnahmen erheblich. Das Schadenausmaß führte zu dem größten Einsatz in der Geschichte der Bundesrepublik Deutschland.

Welche Aufgaben in welchem Umfang Spontanhelfende während der westdeutschen Flutkatastrophe 2021 tatsächlich wahrgenommen haben, lässt sich ohne eine detaillierte Auswertung der Einsatzprotokolle der Gefahrenabwehrbehörden nicht sagen. Von außen lassen sich Spontanhelfende und von den Behörden beauftragte Unternehmen nicht unterscheiden. Schätzungen zufolge kamen über 100.000 private Helfende zum Einsatz. Auf Flutwiki (https://www.flut-wiki.de/w/Hilfsplattformen, Stand September 2022) sind mehr als 800 Gruppen und Seiten aufgeführt. Wie bereits bei vorherigen Katastrophen organisierten sich die meisten Initiativen und Gruppen mittels Social Media. In dem Umfang neu war, dass sich viele Angehörige der BOS außerhalb ihrer Organisationen als Spontanhelfende engagierten.

Die folgende Aufzählung gibt einen qualitativen – sicherlich nicht vollständigen – Überblick über die von Spontanhelfenden durchgeführten Maßnahmen:

- Erfassung der Schäden,
- Koordinierung von Spontanhelfenden,
- Aufräumarbeiten:
    - Verkehrswege,
    - Gebäude,
    - Infrastruktur,
- Müllentsorgung,
- Versorgung von Betroffenen und Helfer:innen:
    - Trinkwasser,
    - Nahrungsmittel,
    - Hygieneartikel,
    - Wasch-, Dusch und Frisiermöglichkeiten,
    - Bekleidung/Hygieneartikel,
    - Mobiltelefone,

- Unterbringung von Betroffenen und Helfer:innen,
- Sandsackbefüllung,
- Not-PSNV,
- Sammeln und Verteilung von Spenden,
- Transport von Menschen und Material,
- Information der Betroffenen,
- Unterstützung bei der Evakuierung von Krankenhäusern,
- Tierbetreuung,
- Handwerks-/Reparaturarbeiten.

In diesem Umfang sind Spontanhelfende vorab in Deutschland nicht aufgetreten. Deshalb führten bereits während des Einsatzes der Spontanhelfenden Hochschulen Online-Umfragen zu dem Einsatzgeschehen durch. Die Ergebnisse aus den Untersuchungen zur Pandemie-Krise (Karsten et al. 2022) scheinen sich auch in der Flutkatastrophe bestätigt zu haben (Fekete 2021). Fekete betonte die Motivation zur Spontanhilfe:

- 72 % der Personen, die geantwortet haben, gaben als Motivation Menschen zu retten an und
- 70 % der Gesellschaft zu dienen.

Als aufgetretene Probleme konnte er fehlende Informationen (51 %) sowie Führung und Koordination im Feld (50 %) feststellen.

Die mangelhafte Koordination der Vielzahl von Hilfsangeboten wurde auch von Unternehmen bzw. deren Interessenvertretungen beklagt (Samary 2021). Viele Handwerksbetriebe boten ihre Hilfe an, die Koordinierung durch die Behörden erfolgte allerdings zu langsam. Die Kritik an mangelnder Koordination der Spontanhelfenden durch den Krisenstab der ADD, der für den Landkreis die Führung übernommen hat, wurde vielfach geäußert (z. B. Schumacher 2021).

Es wird auch darauf hingewiesen, dass der »kleine Dienstweg« genutzt wurde bzw. genutzt werden musste, da die regulären Kommunikations- und Meldewege zu langsam waren (Marten et al 2021). Außerdem trat als Koordinator (Mittlerorganisation) in Euskirchen die Bundeswehr auf, was sicherlich nicht zu deren Kernkompetenzen zu zählen ist. Das zeigt zwar, dass sich das Führungssystem der Schadenlage agil angepasst hat, deutet aber darauf hin, dass die zivilen Führungsgremien überfordert waren. Diese Aufgabenübernahme durch die Bundeswehr ist sowohl vor den Hintergrund der neuen Bedrohungslage Deutschlands, die durch den kriegerischen Überfall der Ukraine durch die Russische Föderation sichtbar wurde, wie auch verfassungsrechtlich bedenklich.

14.3 Erkenntnisse aus den Einsatzerfahrungen

Die Beispiele verdeutlichen zum einen, dass die Einbindung von Spontanhelfenden mittels Motivation (siehe Kapitel 5) zielführend ist und dass eine stringente Anwendung der Abschnittsbildung entsprechend der FwDV/DV 100 den Ansprüchen der Helfer:innen gerecht werden.

Merke:
Quantität der Spontanhelfenden und Qualität der von ihnen erbrachten Leistungen haben während der Flutkatastrophe 2021 in Deutschland eine neue Dimension erreicht.

Aufgrund der Pressemitteilungen (z. B. t-online 2022) muss geschlussfolgert werden, dass Spontanhelfende Handlungs- und vor allem Führungsvakua füllen und danach auch nicht ohne weiteres aus ihren Führungsfunktionen verdrängt werden können. Besonders im Ahrtal entstand so eine parallele Führungsstruktur, deren Führungskräfte bzw. Sprecher:innen durch erheblichen Druck in den Social Media die Gefahrenabwehrbehörden zu gewissen Handlungen nötigten (Wienand 2022). Durch die immense Präsenz in den Social Media mit einer großen Anzahl an Followern und dadurch auch einer umfassenden Präsenz in den klassischen Medien kam es dazu, dass hohe Vertreter:innen des deutschen Staates diese Führungskräfte bzw. Sprecher:innen medienwirksam besuchten. Hierdurch stieg wiederum die Führungsmacht letzterer weiter an und die der Gefahrenabwehrbehörden nahm weiter ab. Dies untermauert nur den oben formulieren Anspruch, dass die Gefahrenabwehrbehörden die Deutungshoheit und damit auch die Führungsmacht erringen und behalten müssen. Es gibt aber auch Positivbeispiele. So konnte die Stadt Wuppertal bereits während der Primäreinsatzlage Spontanhelfende sicher und gezielt in den Einsatz integrieren. Die Koordination erfolgte durch die Feuerwehr und das THW via Twitter.

Neu für Deutschland war auch das bedeutende Auftreten von Querdenkern, Reichsbürgern und anderen verfassungsfeindlichen Gruppierungen, die die Notlage der Betroffen für ihre Propaganda nutzen (Zeit 2021). Neben dem Sammeln von Geldspenden wurden auch ein Familienzentrum betrieben, in dem verfassungsfeindliche Propaganda verbreitet wurde.

14 Aktuelle Einsatzerfahrungen

Takeaway:

Die Ereignisse der letzten zwei Jahre haben gezeigt, dass sämtliche bisherigen Überlegungen zur Einbindung von Spontanhelfenden neu bewertet werden müssen, sei es die in der DIN ISO EN 22319 erfassten oder die in den diversen Forschungsprojekten ermittelten. Den ersten Schlussfolgerungen (wie Neuverteilung von Kompetenzen oder Entwicklung und Einführung eines neuen Führungssystem) kann ich nicht folgen. Meines Erachtens traten die Defizite durch eine mangelhafte Anwendung der FwDV/DV 100 auf. Und dies aufgrund von einer sowohl in Quantität als auch Qualität mangelhaften Aus- und Fortbildung bei den Führungskräften der Gefahrenabwehrbehörden.

Fazit

Spontanhelfende werden zukünftig weiterhin eine wichtige Säule einer resilienten deutschen Gesellschaft und damit des deutschen Staates sein. Wenn sich die Gefahrenabwehrbehörden nicht entsprechend auf deren Einbindung in die behördliche Gefahrenabwehr vorbereiten, ist dies eine Amtspflichtverletzung und führt im Einsatzfall zur Ressourcenvergeudung. Ein wichtiges Instrument zur Vorbereitung ist die Einführung eines »Runden Tisches Resilienz« auf allen Verwaltungsebenen. Ergänzend müssen sämtliche Führungskräfte im Bevölkerungsschutz (Unterführer:innen und Führer:innen der BOS, Führungskräfte der Kommunal- und Landesverwaltungen bis zu den Innenminister:innen) aus- und regelmäßig fortgebildet werden. Dazu eignen sich besonders entsprechende Übungen. Erst wenn diese beiden Forderungen ausreichend umgesetzt sind, macht die Einführung spezieller technischer Hilfsmittel (wie Registrierungs-Apps) Sinn.

Da die nächste Krise/Katastrophe bereits in der nächsten Minute eintreten kann, sollten alle Verantwortlichen in ihren Bereichen anfangen, sich auf die Einbindung von Spontanhelfenden vorzubereiten. Ein Warten auf abgestimmte Konzepte oder auf das Ausrollen spezieller Technik kann Menschenleben kosten. Eine offene Trial-and-Error-Kultur bei allen Gefahrenabwehrbehörden und das Kopieren von erfolgreichen Versuchen führt schnell zu einer wesentlichen Verbesserung bei der Einbindung von Spontanhelfenden.

Ich wünsche Ihnen, liebe Leser:innen dieses Buches, dass sie sich erfolgreich auf die Einbindung von Spontanhelfenden in die behördliche Gefahrenabwehr vorbereiten können, dass Sie aber diese Vorbereitung niemals benötigen werden.

Falls meine Gedanken Ihnen dabei ein wenig geholfen haben, habe ich mein Ziel erreicht.

Abkürzungsverzeichnis

AKNZ	Akademie für Krisenmanagement, Notfallplanung und Zivilschutz
BABZ	Bundesakademie für Bevölkerungsschutz und Zivile Verteidigung
BBK	Bundesamt für Bevölkerungsschutz und Katastrophenhilfe
BF	Berufsfeuerwehr
BMBF	Bundesministerium für Bildung und Forschung
BOS	Behörden und Organisation mit Sicherheitsaufgaben
BuMA	Bevölkerungsinformation und Medienarbeit
DGSMTech e.V.	Deutschen Gesellschaft zur Förderung von Social Media und Technologie im Bevölkerungsschutz
DGSVO	Datenschutz-Grundverordnung
DRK	Deutsches Rotes Kreuz
EA	Einsatzabschnitt
EMS	Ereignisspezifische Mitglieder eines Verwaltungsstabes
FwDV/DV	Feuerwehr-Dienstvorschrift/Dienstvorschrift
HvB	Hauptverwaltungsbeamte:r (Oberbürgermeister:in oder Landrät:in)
JUH	Johanniter Unfall Hilfe
KGS	Koordinierungsgruppe Stab eines Verwaltungsstabes
OPT	Operativ-taktisch
PSNV	Psychosoziale Notfallversorgung
S-Funktion	Funktion in einem Stabsbereich
S1	Stabsbereich 1 (nach FwDV 100 – Personal/Innerer Dienst)
S2	Stabsbereich 2 (nach FwDV 100 – Lage)
S3	Stabsbereich 3 (nach FwDV 100 – Einsatz)
S4	Stabsbereich 4 (nach FwDV 100 – Versorgung)
S5	Stabsbereich 5 (nach FwDV 100 – Presse- und Medieninformation)
S6	Stabsbereich 6 (nach FwDV 100 – Informations- und Kommunikationswesen)
SMS	Ständige Mitglieder eines Verwaltungsstabes
SO36	historischen Postzustellbezirk Berlin SO 36
TEL	Technische Einsatzleitung
THW	Bundesanstalt Technisches Hilfswerk
UNDAC	United Nations Disaster Assessment and Coordination
UN OCHA	United Nations Office for the Coordination of Humanitarian Affairs
VOST	Virtual Operations Support Team

Abkürzungsverzeichnis

VwS	Verwaltungsstab
WBL	Webbasiertes Lernen
WBT	Webbasiertes Training

Literaturverzeichnis

Bücher und Artikel

Alberts, David S./Hayes; Richard E. (2003): Power to the Edge; CCRP Publication Series; 2003.

Bundesamt für Bevölkerungsschutz und Katastrophenhilfe (BBK) (2016): Länderoffene Arbeitsgruppe unter Vorsitz des Bundes; Rahmenempfehlungen für den Einsatz von Social Media im Bevölkerungsschutz; herausgegeben vom Bundesamt für Bevölkerungsschutz und Katastrophenhilfe; 2016.

Erkens, Harald (2016): Zwischen Anarchie und Hierarchie: rechtliche Koordinaten für den Einsatz sogenannter Spontanhelfer; in: DVBl, Deutsches Verwaltungsblatt, 21 Heft 21, 2016, 1349-1416.

Fathi, Ramian/Fiedrich, Frank (2017): Organisation von Spontanhelfern am Beispiel des Starkregenereignisses vom 28.07.2014; Notfallvorsorge 2/2017; 1-8.

Fekete, Alexander (2021): Vortrag an der BABZ im Dezember 2021.

Kahneman, Daniel (2012): Thinking, Fast and Slow, Penguin, 2012.

Karsten, Andreas H. (2020): Leitfaden für das Kommunale Krisenmanagement; Verlag W. Kohlhammer; 2020.

Karsten, Andreas H./Voßschmidt, Stefan (Hrsg.) (2022): Resilienz und Pandemie; Verlag W. Kohlhammer; 2022.

Lessig, Marina/Kunz, Mischa/Unterreitmeier, Sebastian/Wenngatz, Micky (2019): Spontanhilfehandbuch; Münchener Freiwillige – Wir Helfen e. V.; 2019.

Lülf, Michael/Fathi, Ramian (Hrsg.) 2023: Soziale Medien in der Gefahrenabwehr; Verlag W. Kohlhammer; 2023.

Marten, David/Schülpen, Tobias/Schams, Torsten/Schubert René (2021): Einsatz in Euskirchen nach dem Starkregenereignis im Juli 2021; in: BRANDSchutz/Deutsche Feuerwehr-Zeitung 10/21; 827-836.

McChrystal, Stanley/Collins, Tantum/Silverman, David/Fussel, Chris: Team of Teams; Penguin; 2015.

Voßschmidt, Stefan/Karsten, Andreas H. (Hrsg.) (2019): Resilienz und Kritische Infrastrukturen; Verlag W. Kohlhammer; 2019.

Internet-Links

Berliner Feuerwehr (2016): Abschlussbericht der Berliner Feuerwehr zum Forschungsprojekt ENSURE, online abrufbar unter: https://www.berliner-feuerwehr.de/fileadmin/bfw/dokumente/Forschung/ensure/Ensure_Abschlussbroschuere.pdf., letzter Zugriff: 25.04.2022.

bpb 2021: Bundeszentrale für politische Bildung, Jahrhunderthochwasser 2021 in Deutschland; https://www.bpb.de/kurz-knapp/hintergrund-aktuell/337277/jahrhunderthochwasser-2021-in-deutschland/, letzter Zugriff: 20.10.2022.

DRK (2016): Die Rolle ungebundener HelferInnen im Katastrophenfall, online abrufbar unter: https://www.drk.de/forschung/schriftenreihe/schriften-der-forschung-band-i/, letzter Zugriff: 01.09.2022.

FNFW (2023): DIN-Normenausschuss Feuerwehrwesen (FNFW), online abrufbar: https://www.din.de/de/mitwirken/normenausschuesse/fnfw, letzter Zugriff: 02.02.2023.

FU Berlin (2021): BMBF-Forschungsprojekt »HoWas2021 – Governance und Kommunikation im Krisenfall des Hochwasserereignisses im Juli 2021« gestartet, online abrufbar unter: https://www.polsoz.fu-berlin.de/ethnologie/forschung/arbeitsstellen/katastrophenforschung/news/211203_HoWas2021-Start.html, letzter Zugriff: 20.10.2022.

Schumacher, Judith (2021): Kritik wird lauter: Versagt der ADD-Krisenstab im Ahrtal?; in Rhein-Zeitung 05.08.2021; online abrufbar unter: https://www.rhein-zeitung.de/region/rheinland-pfalz_artikel,-kritik-wird-lauter-versagt-der-addkrisenstab-im-ahrtal-_arid,2291921.html, letzter Zugriff:01.09.2022.

Literaturverzeichnis

Samary, Ursula (2021): Handwerk sucht den Krisenstab: HwK mahnt dringend mehr professionelle Koordination der Helfer; in: Rhein-Zeitung 30.07.2021; online abrufbar unter: https://www.rhein-zeitung.de/region/rheinland-pfalz_artikel,-handwerk-sucht-den-krisenstab-hwk-mahnt-dringend-mehr-professionelle-koordination-der-helfer-_arid,2289494.html, letzter Zugriff: 01.09.2022.

t-online 2022: Fluthelden auf Besatzerkurs, online abrufbar unter: https://www.t-online.de/nachrichten/panorama/katastrophen/id_91503620/aerger-im-ahrtal-fluthelden-auf-besatzerkurs.html, letzter Zugriff: 20.10.2022.

Voßschmidt, Stefan/Deutsche Gesellschaft zur Förderung von Social Media und Technologie im Bevölkerungsschutz e. V. (DGSMTech) (o. A.): Rechtsfragen bezüglich der Einbindung von Spontanhelfern in den Katastrophenschutz, online abrufbar unter: https://dgsmtech.de/rechtsfragen-bezueglich-der-einbindung-von-spontanhelfer-in-den-katastrophenschutz-299/, letzter Zugriff: 01.09.2022.

Wienand, Lars: Fluthelden auf Besatzerkurs, online abrufbar unter: https://www.t-online.de/nachrichten/panorama/katastrophen/id_91503620/aerger-im-ahrtal-fluthelden-auf-besatzerkurs.html, letzter Zugriff: 01.09.2022.

Zeit Online (2021): »Querdenker« bei Flutkatastrophe. Extremisten nutzten Flutkatastrophe für eigene Zwecke, in Zeit Online 31.08.2021; online abrufbar unter: https://www.zeit.de/gesellschaft/zeitgeschehen/2021-08/querdenker-flutkatastrophe-nrw-rheinlandpfalz-besetzung-kindergarten-bad-muenstereifel, letzter Zugriff: 01.09.2022..

Forschungsprojekte zum Thema Spontanhelfende

AHA: Bundesministerium für Bildung und Forschung (BMBF) (o. D.): AHA: Automatisiertes Helferangebot bei Großschadensereignissen, online abrufbar unter: https://www.sifo.de/sifo/de/projekte/schutz-und-rettung-von-menschen/schutz-und-rettung-bei-komplexen-einsatzlagen/aha/aha-automatisiertes-helferange-t-bei-grossschadensereignissen.html, letzter Zugriff: 01.09.2022.

Cobacore: Deutsches Rotes Kreuz (DRK) (o. D.): COBACORE: Bedarfsanalyse und Wiederaufbauplanung, online abrufbar unter: https://www.drk.de/en/research/research-projects/completed-projects/cobacore/, letzter Zugriff: 01.09.2022.

Driver+: Driving Innovation in Criss Management for European Resilience (Driver+) (o. D.): Driver+, Accelerating Innovation in Crisis Management for European Resilience, online abrufbar unter: https://www.driver-project.eu, letzter Zugriff: 01.09.2022.

ENSURE: Bundesministerium für Bildung und Forschung (BMBF) (o. D.): ENSURE: Verbesserte Krisenbewältigung im urbanen Raum durch situationsbezogene Helferkonzepte und Warnsysteme, online abrufbar unter: https://www.sifo.de/sifo/de/projekte/gesellschaft/urbane-sicherheit/ensure/ensure-verbesserte-krisenbewae-helferkonzepte-und-warnsysteme.htm, letzter Zugriff: 01.09.2022.

Flood Resilience Alliance: The Zurich Flood Resilience Alliance (the Alliance) (o. D.), online abrufbar unter: https://floodresilience.net/zurich-flood-resilience-alliance/, letzter Zugriff: 24.10.2022.

HoWas2021: Bundesministerium für Bildung und Forschung (BMBF) (o. D.): Governance und Kommunikation im Krisenfall des Hochwasserereignisses im Juli 2021 (HoWas2021), online abrufbar unter: https://www.sifo.de/sifo/shareddocs/Downloads/files/projektumriss_howas.pdf?__blob=publicationFile&v=2, letzter Zugriff: 01.09.2022.

INVOLVE: Bundesministerium für Bildung und Forschung (BMBF) (o. D.): INVOLVE: Verringerung sozialer Vulnerabilität durch freiwilliges Engagement, online abrufbar unter: https://www.sifo.de/sifo/de/projekte/querschnittsthemen-und-aktivitaeten/internationale-kooperationen-in-der-sicherheitsforschung/deutsch-indische-projekte/involve/involve-verringerung-sozialer—durch-freiwilliges-engagement.html, letzter Zugriff: 01.09.2022.

KOKOS: Uni Siegen (o. D.): Unterstützung der Kooperation mit freiwilligen Helfern in komplexen Einsatzlagen, online abrufbar unter: http://www.kokos-projekt.de, letzter Zugriff: 01.09.2022.

Literaturverzeichnis

KOPHIS: Bundesministerium für Bildung und Forschung (BMBF) (o. D.): Kontexte von Pflege- und Hilfsbedürftigen stärken (KOPHIS), online abrufbar unter: https://www.sifo.de/sifo/shareddocs/Downloads/files/projektumriss_kophis.pdf?__blob=publicationFile&v=1, letzter Zugriff: 01.09.2022.

KUBAS: Bundesministerium für Bildung und Forschung (BMBF) (o. D.): KUBAS – Koordination ungebundener vor-Ort-Helfer zur Abwendung von Schadenslagen, online abrufbar unter: https://kubas.uni-halle.de, letzter Zugriff: 01.09.2022.

PRAKOS: Bundesministerium für Bildung und Forschung (BMBF) (o. D.): PRAKOS: Praktiken und Kommunikation zur aktiven Schadensbewältigung, online abrufbar unter: https://www.sifo.de/sifo/de/projekte/schutz-und-rettung-von-menschen/schutz-und-rettung-bei-komplexen-einsatz¬lagen/prakos/prakos_node.html, letzter Zugriff: 01.09.2022.

REBEKA: Bundesministerium für Bildung und Forschung (BMBF) (o. D.): REBEKA: Resilienz von Einsatzkräften bei eigener Betroffenheit in Krisenlagen, online abrufbar unter: https://www.sifo.de/sifo/de/projekte/schutz-und-rettung-von-menschen/erhoehung-der-resilienz/rebeka/re¬beka-resilienz-von-einsatzkr-r-betroffenheit-in-krisenlagen.html, letzter Zugriff: 01.09.2022.

RESIBES: Bundesministerium für Bildung und Forschung (BMBF) (o. D.): RESIBES: Resilienz durch Helfernetzwerke zur Bewältigung von Krisen und Katastrophen, online abrufbar unter: https://www.sifo.de/sifo/de/projekte/schutz-und-rettung-von-menschen/erhoehung-der-resilienz/resi¬bes/resibes-resilienz-durch-helfer-ng-von-krisen-und-katastrophen.html, letzter Zugriff: 01.09.2022.

TEAMWORK: Bundesministerium für Bildung und Forschung (BMBF) (o. D.): TEAMWORK: Krisensimulation für die Zusammenarbeit von Einsatzkräften und Bevölkerung, online abrufbar unter: https://www.sifo.de/sifo/de/projekte/schutz-und-rettung-von-menschen/erhoehung-der-resi¬lienz/teamwork/teamwork_node.html, letzter Zugriff: 01.09.2022.

VEREINT: Technische Universität Dresden (o. D.): VEREINT – Kooperativ organisierter Bevölkerungsschutz bei extremen Wetterlagen, online abrufbar unter: https://tu-dresden.de/bu/umwelt/hydro/ihm/hydrologie/forschung/projekte/vereint, letzter Zugriff: 01.09.2022.

WuKAS: Bundesministerium für Bildung und Forschung (BMBF) (o. D.): WuKAS: Wissens- und Kompetenzvermittlung im Arbeits- und Gesundheitsschutz bei Spontanhelfern, online abrufbar unter: https://www.sifo.de/sifo/de/projekte/querschnittsthemen-und-aktivitaeten/praxistransfer-und-kompetenzaufbau/anwender-innovativ/wukas/wukas-wissens-und-kompetenzverheits¬schutz-bei-spontanhelfern.html, letzter Zugriff: 01.09.2022.

Michael Lülf/Ramian Fathi (Hrsg.)

Soziale Medien in der Gefahrenabwehr

2022. 316 Seiten. 36 Abb. Kart. € 44,–
ISBN 978-3-17-034913-1

Soziale Medien spielen in der Gefahrenabwehr eine tragende Rolle in Bezug auf die Einsatzabwicklung, der dialog-orientierten Kommunikation mit der Bevölkerung oder die Informationsbeschaffung für das Lagebild. Die AutorInnen vermitteln praxisnah die Bandbreite dieser Themen und die Nutzungsfelder sozialer Medien. Das Buch stellt einleitend Grundlagen und Begriffe vor und berücksichtigt hierbei soziale Medien im Einsatz, für Leitstellen, in der Öffentlichkeitsarbeit sowie rechtliche Grundsätze. Darüber hinaus runden Beiträge und Best-Practice-Berichte zu den Themenkomplexen Methoden und Strategien der Kommunikation, Social Media Analytics im Einsatz und die Psychosoziale Notversorgung in sozialen Medien dieses Fachbuch ab.

Dipl.-Ing. (FH) Michael Lülf (M.Sc.) ist Abteilungsleiter bei der Berufsfeuerwehr Mülheim an der Ruhr. Ramian Fathi (M.Sc.) ist Sicherheitsingenieur, wissenschaftlicher Mitarbeiter und Doktorand am Lehrstuhl für Bevölkerungsschutz, Katastrophenhilfe und Objektsicherheit der Bergischen Universität Wuppertal. Er leitet außerdem das Virtual Operations Support Team (VOST) der Bundesanstalt Technisches Hilfswerk (THW).

Digital-Ausgabe erhältlich in der BRANDSchutz-App und als E-Book. Leseproben und weitere Informationen: www.kohlhammer-feuerwehr.de

Andreas H. Karsten/
Stefan Voßschmidt (Hrsg.)

Resilienz und Pandemie

Handlungsempfehlungen anhand von Erfahrungen mit COVID-19

*2022. 228 Seiten. 13 Abb., 4 Tab.
Kart. € 34,–
ISBN 978-3-17-039930-3*

Die Geschehnisse rund um die COVID-19-Epidemie haben verdeutlicht, wie vulnerabel unsere Gesellschaft nach wie vor ist. Zugleich besteht die Möglichkeit, Erfahrungen zu sammeln und Maßnahmen zu entwickeln, um in Zukunft besser und resilienter vorbereitet zu sein.

Die Autorinnen und Autoren dieses Buches rekapitulieren die Ereignisse rund um die Pandemie und zeigen die Auswirkungen unter anderem für unsere Gesellschaft, Wirtschaft und Politik auf. Anhand ausgewählter positiver Beispiele wird die Steigerung der Resilienz während der Pandemie in Deutschland aufgezeigt und ein abschließendes Fazit gezogen, wie auf zukünftige Ereignisse reagiert werden kann.

Andreas H. Karsten, Diplom-Physiker und Branddirektor a. D., ist selbstständiger Unternehmensberater in Hamburg. Zuvor arbeitete er u. a. in den Vereinigten Arabischen Emiraten und im Bundesamt für Bevölkerungsschutz und Katastrophenhilfe (BBK). Stefan Voßschmidt, Jurist, ist im Bundesamt für Bevölkerungsschutz und Katastrophenhilfe als Dozent tätig. Beide Herausgeber sind Mitglieder der Deutschen Gesellschaft zur Förderung von Social Media und Technologien im Bevölkerungsschutz (DGSMTech).

Digital-Ausgabe erhältlich in der BRANDSchutz-App und als E-Book.
Leseproben und weitere Informationen:
www.kohlhammer-feuerwehr.de